U0051810

戀上棉麻自然風！

親手作簡單甜美的實用生活包77款

COTTON TIME
特別編集

暢銷
新版

戀上棉麻自然風！

親手作簡單甜美的實用生活包77款

拿著自己獨創的手作提包外出！

這會是多麼愉快的感覺啊！

只要隨著心情與場合選擇心愛的手作包來搭配，

如此一來，與你相遇的人們一定也會稱讚你的時尚品味。

COTTON TIME編輯部從過去刊載的人氣作品當中，

精選出充滿創意的手作包來介紹。

這些包款不僅功能性十足，

還有時尚的設計或可愛的裝飾等，

全都是實際使用後令人愛不釋手的作品。

無論小孩或大人，肯定都會非常喜歡。

原寸紙型和詳細的作法當然也一併奉上，

因此，如果有中意的作品，請立刻嘗試製作看看！

PART4 輕鬆空出雙手的人氣基本款！

輕便自在的斜背包＆肩背包 42

PART5 整理小物的美麗好幫手

小巧收納包 52

PART6 可長久使用，不論小孩or大人都很滿足

各式通學包 67

即使是新手，也可以簡單完成！

一看就懂！Step by Step的手作包基本課 61

特別附錄
原寸紙型

本書作法步驟圖中的數字，單位皆為cm。

戀上棉麻自然風！

親手作簡單甜美的實用生活包77款

CONTENTS

PART 1 旅行＆行李多的日子少不了它！

PART 2 在打扮漂亮的日子裡最好搭

PART 3 使用率超高！

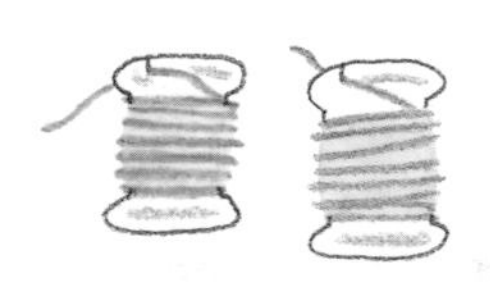

PART 1

旅行＆行李多的日子少不了它！

大容量休旅包

本單元介紹可收納很多行李且外觀時尚的包款。
設計上除了注重方便拿取、容易攜帶的功能性之外，
也顧及堅固耐用等必備的優點。

以喜愛的
防水布製作

緞帶行李箱

埼玉縣／渡部友子

這款行李箱不分年齡皆可使用，相當受歡迎。布料選擇大眾喜愛的花色，吸睛力百分百。由於使用防水布，淋到雨或弄髒時都可以很快擦乾淨，整理＆保養都很簡單。

製作行李箱的訣竅

加裝在市售的拉桿上

用心製作的行李箱加裝在市售的拉桿上，就成了可愛的登機箱。

原寸紙型　A面

材料　表布・拉桿固定帶・袋底固定帶用防水布110×170cm、裡布・別布・底板布・裝飾用緞帶110×150cm、厚0.1cm的背膠海綿90×150cm、厚布襯90×150cm、寬1.5cm的絲光緞帶3m、長125cm的雙頭拉鍊1條、長36cm的拉鍊1條、長32cm蕾絲雙頭拉鍊1條、底板25×20cm、滾邊繩4m、寬4cm的斜紋布條3.5m、直徑1.5cm押釦5組、寬1.5cm的皮革提把30cm1條、拉桿。

☆除指定處之外，縫份皆為1cm。

1. 製作行李箱蓋

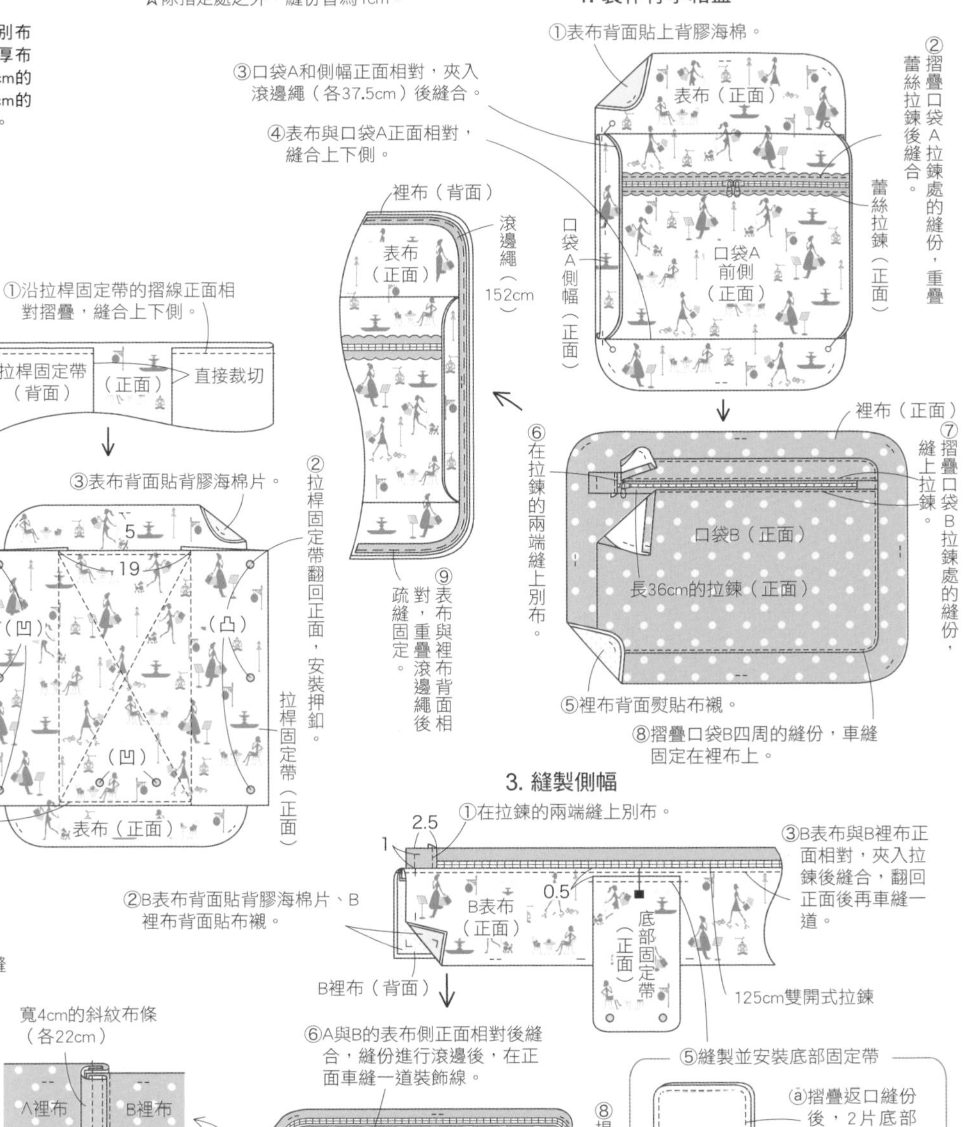
1. 製作行李箱蓋
①表布背面貼上背膠海棉。
②摺疊口袋A拉鍊處的縫份，重疊蕾絲拉鍊後縫合。
③口袋A和側幅正面相對，夾入滾邊繩（各37.5cm）後縫合。
④表布與口袋A正面相對，縫合上下側。
表布（正面）
蕾絲拉鍊（正面）
口袋A側幅（正面）
口袋A前側（正面）
裡布（背面）
表布（正面）
滾邊繩（152cm）
⑥在拉鍊的兩端縫上別布。
⑨表布與裡布背面相對，重疊滾邊繩後疏縫固定。
裡布（正面）
⑦摺疊口袋B拉鍊處的縫份，縫上拉鍊。
口袋B（正面）
長36cm的拉鍊（正面）
⑤裡布背面熨貼布襯。
⑧摺疊口袋B四周的縫份，車縫固定在裡布上。
①沿拉桿固定帶的摺線正面相對摺疊，縫合上下側。
拉桿固定帶（背面）
（正面）
直接裁切
③表布背面貼背膠海棉片。
②拉桿固定帶翻回正面，安裝押釦。
④拉桿固定帶疊在表布上後車縫固定。
5
19
（凹）
（凸）
（凹）
拉桿固定帶（正面）
表布（正面）
3. 縫製側幅
①在拉鍊的兩端縫上別布。
2.5
1
0.5
③B表布與B裡布正面相對，夾入拉鍊後縫合，翻回正面後再車縫一道。
②B表布背面貼背膠海棉片、B裡布背面貼布襯。
B表布（正面）
底部固定帶（正面）
B裡布（背面）
125cm雙開式拉鍊

2. 縫製內部後側

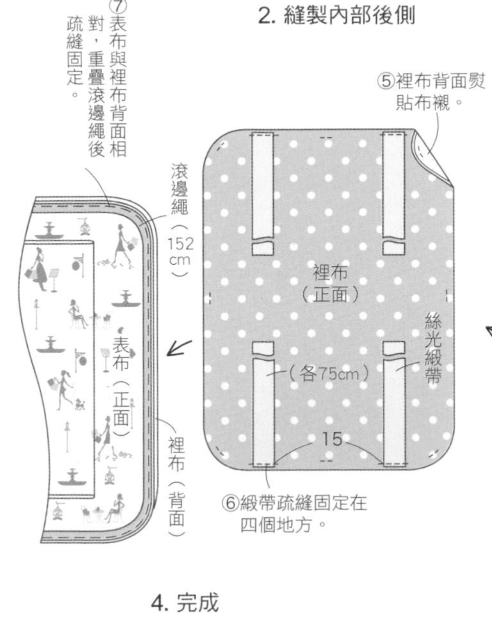
⑦表布與裡布背面相對，重疊滾邊繩後疏縫固定。
⑤裡布背面熨貼布襯。
滾邊繩（152cm）
裡布（正面）
絲光緞帶
（各75cm）
15
表布（正面）
裡布（背面）
⑥緞帶疏縫固定在四個地方。

4. 完成

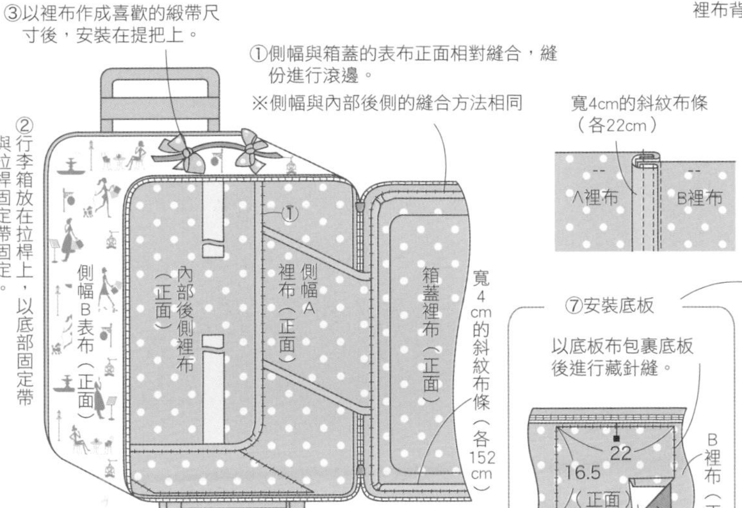
③以裡布作成喜歡的緞帶尺寸後，安裝在提把上。
①側幅與箱蓋的表布正面相對縫合，縫份進行滾邊。
※側幅與內部後側的縫合方法相同
②行李箱放在拉桿上，以底部固定帶與拉桿固定帶固定。
側幅B表布（正面）
內部後側裡布（正面）
側幅A裡布（正面）
箱蓋裡布（正面）
寬4cm的斜紋布條（各152cm）
拉桿

＊完成尺寸 約46×33cm，側幅約17cm 。

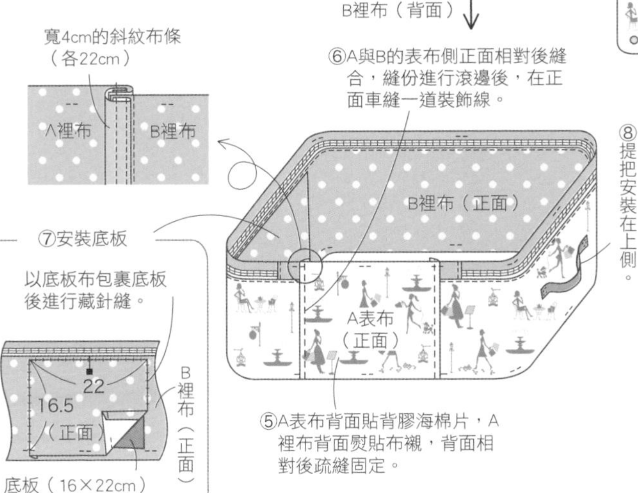
寬4cm的斜紋布條（各22cm）
A裡布
B裡布
⑥A與B的表布側正面相對後縫合，縫份進行滾邊後，在正面車縫一道裝飾線。
B裡布（正面）
⑧提把安裝在上側。
A表布（正面）
⑤A表布背面貼背膠海棉片，A裡布背面熨貼布襯，背面相對後疏縫固定。
⑦安裝底板
以底板布包裹底板後進行藏針縫。
22
16.5
（正面）
B裡布（正面）
底板（16×22cm）

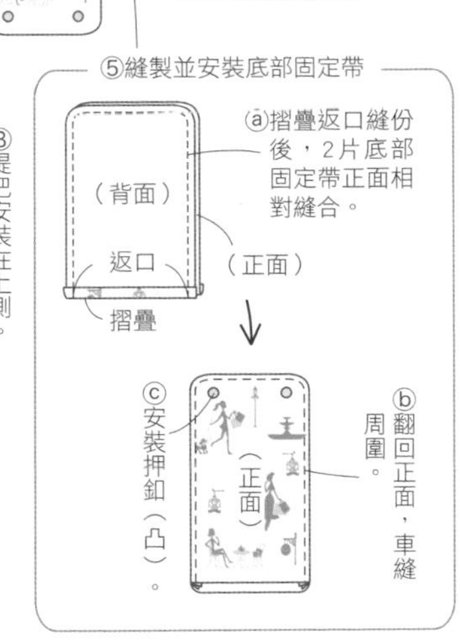
⑤縫製並安裝底部固定帶
ⓐ摺疊返口縫份後，2片底部固定帶正面相對縫合。
（背面）
返口
（正面）
摺疊
ⓑ翻回正面，車縫周圍。
ⓒ安裝押釦（凸）。
（正面）

箱子內部是以圓點布為裡布。由於加裝了綁帶和夾層口袋，打包行李萬無一失。

堅固耐用的皮革提把以回針縫車縫在箱子上方。使用和裡布相同的布料作成緞帶，打上蝴蝶結裝飾。

以同一塊布製作的固定帶，縫合於箱身後側，方便固定至拉桿上。

處處有巧思方便使用的行李箱

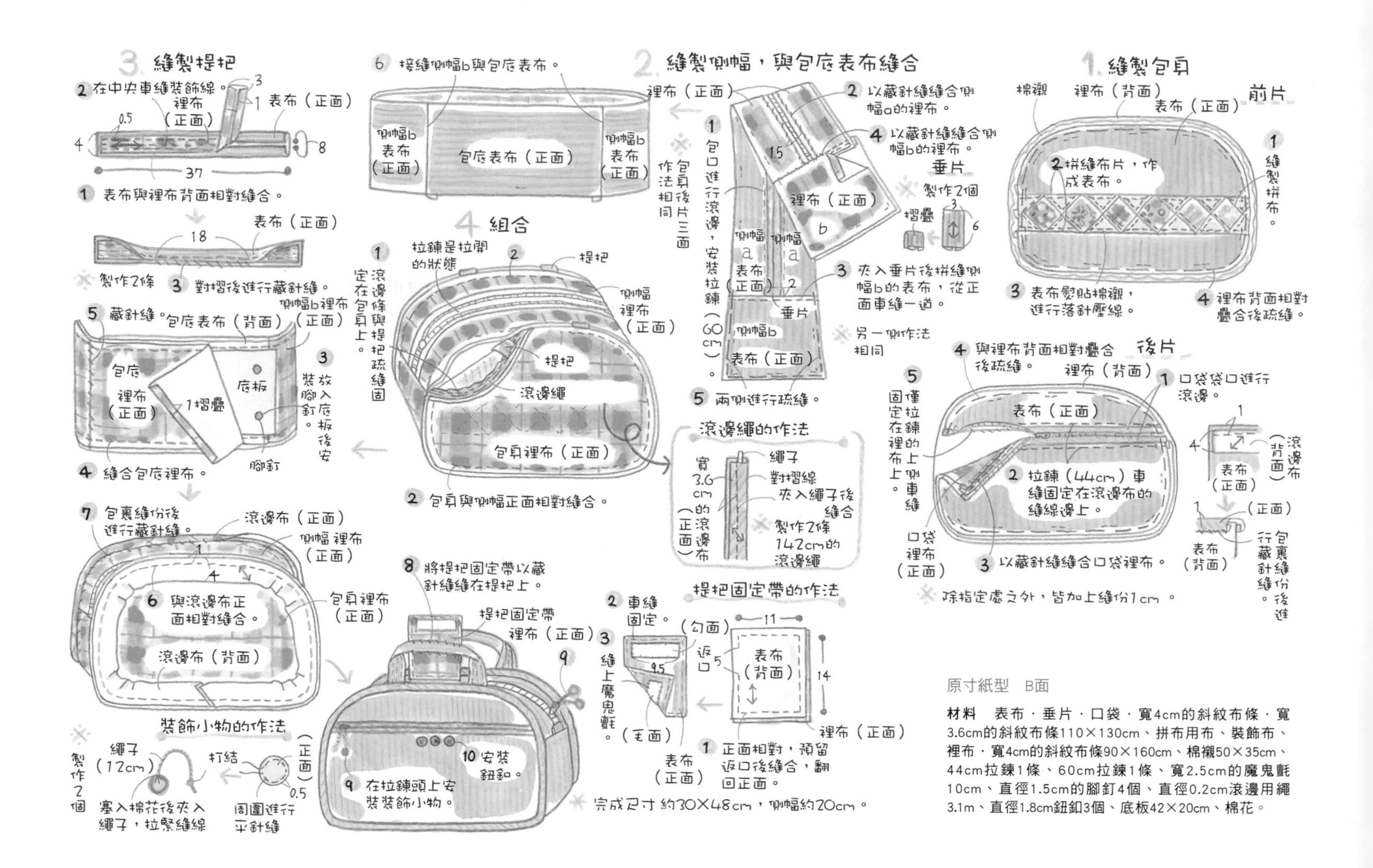

1. 縫製包身
前片
棉襯
裡布（背面）
表布（正面）
1 縫製拼布。
2 拼縫布片，作成表布。
3 表布黏貼棉襯，進行落針壓線。
4 裡布背面相對疊合後疏縫。
後片
4 與裡布背面相對疊合後疏縫。
1 口袋袋口進行滾邊。
2 拉鍊（44cm）車縫固定在滾邊布的縫線邊上。
3 以藏針縫縫合口袋裡布。
5 僅在拉鍊的上側車縫固定布裡。
口袋裡布（正面）
表布（背面）
行藏針縫。包裹縫份後進
※ 除指定處之外，皆加上縫份1cm。
2. 縫製側幅，與包底表布縫合
1 包口進行滾邊，安裝拉鍊（60cm）。
※ 包身作法相同後片三面
2 以藏針縫縫合側幅a的裡布。
4 以藏針縫縫合側幅b的裡布。
垂片
※ 製作2個
摺疊
3 夾入垂片後拼縫側幅b的表布，從正面車縫一道。
※ 另一側作法相同
5 兩側進行疏縫。
6 接縫側幅b與包底表布。
包底表布（正面）
側幅b表布（正面）
滾邊繩的作法
寬3.6cm的滾邊布（正面）
繩子
對摺線
夾入繩子後縫合
製作2條142cm的滾邊繩
提把固定帶的作法
1 正面相對，預留返口後縫合，翻回正面。
2 車縫固定。
3 縫上魔鬼氈。
表布（背面）
裡布（正面）
返口
3. 縫製提把
1 表布與裡布背面相對縫合。
2 在中央車縫裝飾線。
3 對摺後進行藏針縫。
※ 製作2條
4 組合
1 滾邊在包身上與提把疏縫固定
拉鍊是拉開的狀態
提把
滾邊繩
包身裡布（正面）
2 包身與側幅正面相對縫合。
3 裝放底板後安裝腳釘。
4 縫合包底裡布。
5 藏針縫。
包底表布（背面）
包底裡布（正面）
1摺疊
底板
腳釘
6 與滾邊布正面相對縫合。
7 包裹縫份後進行藏針縫。
滾邊布（正面）
滾邊布（背面）
8 將提把固定帶以藏針縫縫在提把上。
提把固定帶
9 在拉鍊頭上安裝裝飾小物。
10 安裝鈕釦。
裝飾小物的作法
※ 製作2個
繩子（12cm）
塞入棉花後夾入繩子，拉緊縫線
打結
周圍進行平針縫
※ 完成尺寸 約30×48cm，側幅約20cm。

原寸紙型　B面

材料　表布．垂片．口袋．寬4cm的斜紋布條．寬3.6cm的斜紋布條110×130cm、拼布用布、裝飾布、裡布．寬4cm的斜紋布條90×160cm、棉襯50×35cm、44cm拉鍊1條、60cm拉鍊1條、寬2.5cm的魔鬼氈10cm、直徑1.5cm的腳釘4個、直徑0.2cm滾邊用繩3.1m、直徑1.8cm鈕釦3個、底板42×20cm、棉花。

即使裝入很多東西也可以輕鬆手提

燈芯絨波士頓包

埼玉縣／大出智美

這款加上滾邊的運動型大波士頓包，容量足夠裝入一個小家庭的行李。彩色的拼布與燈芯絨的顏色非常搭調。

以相同的布料製作提把和固定帶，安裝在提把上的固定帶可以輕鬆手提。即使包身很大，也能掛在手臂上輕易帶著走。

背面設計了一個附拉鍊的大口袋，增加實用性。裝上裝飾性的鈕釦更顯得流行。

製作包包的訣竅

底部要堅固耐用

波士頓包最重要的就是製作一個相當大的包底，放入厚質的底板，再安裝腳釘，放著不怕倒也不怕弄髒，隨時都可以安心使用。

有型又可愛的

大方包

秋田縣／細井育子

即使出差也很合用的大型方包設計。在兩天一夜的出差行程中，A4尺寸的資料不必摺疊就可以放入。而側邊口袋或以鋅鉤加上背帶都是非常方便的設計。

大方包的細部也加了許多巧思，如在包口的拉鍊頭安裝飾物、在提把縫上蕾絲等。這種尺寸的行李包，連襯衫等衣物都不容易產生縐褶。

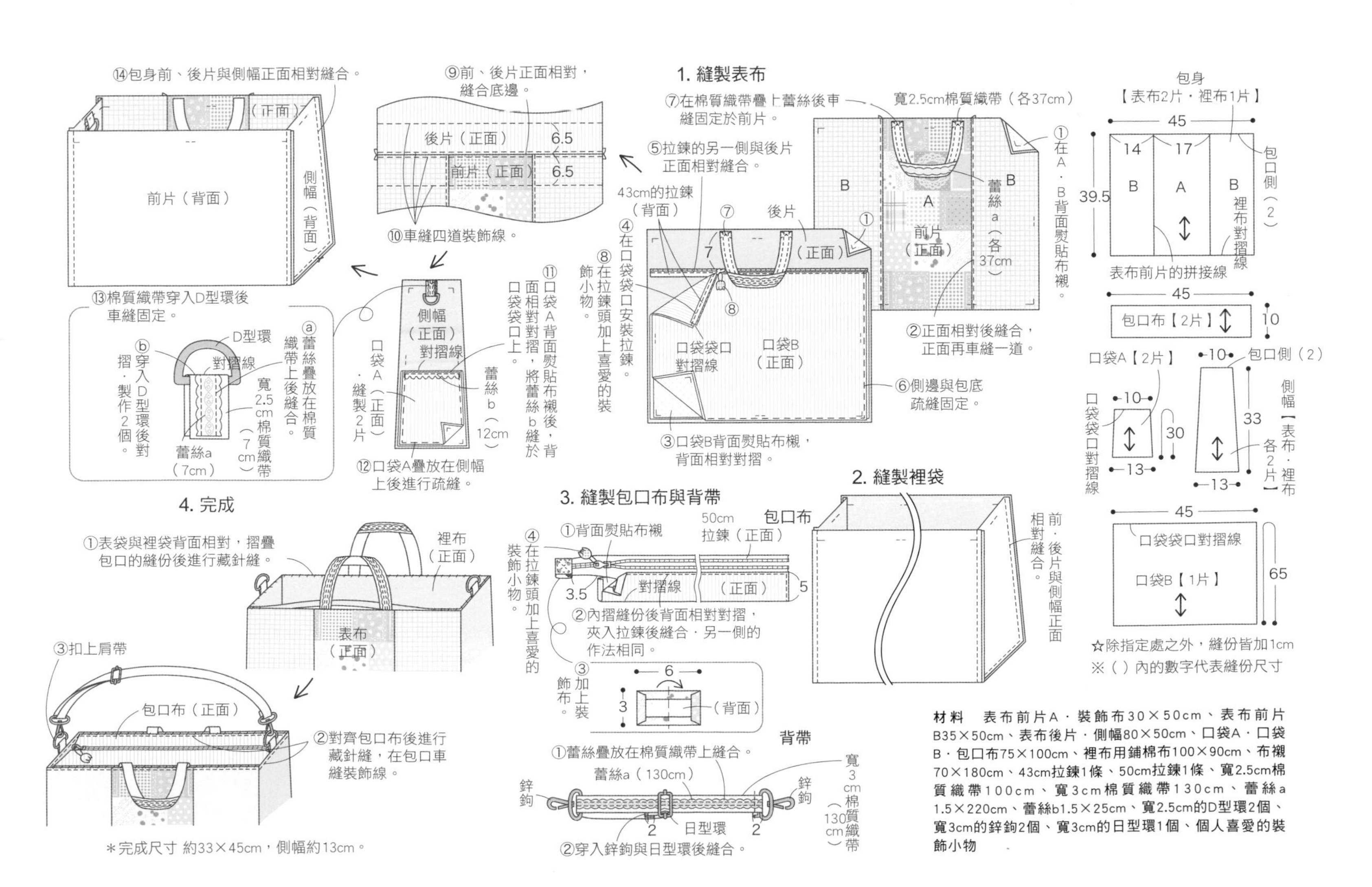

1. 縫製表布
⑦在棉質織帶疊上蕾絲後車縫固定於前片。
寬2.5cm棉質織帶（各37cm）
①在A・B背面熨貼布襯。
蕾絲a（各37cm）
前片（正面）
②正面相對後縫合，正面再車縫一道。
⑤拉鍊的另一側與後片正面相對縫合。
43cm的拉鍊（背面）
後片
（正面）
④在口袋B袋口安裝拉鍊。
⑧在拉鍊頭加上喜愛的裝飾小物。
口袋袋口對摺線
口袋B（正面）
⑥側邊與包底疏縫固定。
③口袋B背面熨貼布襯，背面相對對摺。
⑨前、後片正面相對，縫合底邊。
後片（正面）
前片（正面）
6.5
⑩車縫四道裝飾線。
⑪口袋A背面熨貼布襯後，背面相對對摺，將蕾絲b縫於口袋袋口上。
側幅（正面）
對摺線
口袋A（正面），縫製2片
蕾絲b（12cm）
⑫口袋A疊放在側幅上後進行疏縫。
⑭包身前、後片與側幅正面相對縫合。
（正面）
前片（背面）
側幅（背面）
⑬棉質織帶穿入D型環後車縫固定。
ⓐ蕾絲疊放在棉質織帶上後縫合。
ⓑ穿入D型環後對摺，製作2個。
D型環
對摺線
寬2.5cm棉質織帶（7cm）
蕾絲a（7cm）
包身【表布2片・裡布1片】
45
14
17
39.5
B
A
包口側（2）
裡布對摺線
表布前片的拼接線
包口布【2片】
10
口袋A【2片】
口袋袋口對摺線
30
13
包口側（2）
33
側幅【表布・裡布各2片】
口袋袋口對摺線
口袋B【1片】
65
☆除指定處之外，縫份皆加1cm
※（ ）內的數字代表縫份尺寸
2. 縫製裡袋
前、後片與側幅正面相對縫合。
3. 縫製包口布與背帶
包口布
①背面熨貼布襯
50cm拉鍊（正面）
④在拉鍊頭加上喜愛的裝飾小物。
3.5
對摺線
（正面）
5
②內摺縫份後背面相對對摺，夾入拉鍊後縫合。另一側的作法相同。
③加上裝飾布。
6
3
（背面）
背帶
①蕾絲疊放在棉質織帶上縫合。
蕾絲a（130cm）
鋅鉤
寬3cm棉質織帶（130cm）
2
日型環
②穿入鋅鉤與日型環後縫合。
4. 完成
①表袋與裡袋背面相對，摺疊包口的縫份後進行藏針縫。
裡布（正面）
表布（正面）
③扣上肩帶
包口布（正面）
②對齊包口布後進行藏針縫，在包口車縫裝飾線。
＊完成尺寸 約33×45cm，側幅約13cm。

材料　表布前片A・裝飾布30×50cm、表布前片B35×50cm、表布後片・側幅80×50cm、口袋A・口袋B・包口布75×100cm、裡布用鋪棉布100×90cm、布襯70×180cm、43cm拉鍊1條、50cm拉鍊1條、寬2.5cm棉質織帶100cm、寬3cm棉質織帶130cm、蕾絲a1.5×220cm、蕾絲b1.5×25cm、寬2.5cm的D型環2個、寬3cm的鋅鉤2個、寬3cm的日型環1個、個人喜愛的裝飾小物

兼具超強收納力＆精緻的機能性設計

百搭萬用的圓筒包

愛知縣／明石朝子

這是放入大量衣服、盥洗用具等行李後，空間還綽綽有餘的圓筒包。包身選用不顯髒，且質輕又耐用的黑色亞麻布。內側有可以拆下來的口袋，將口袋扣上背帶，就可當成隨身包來使用喔！

plan de
PARIS
6000 rues
20 arrondissements
Métro - Bus - RER
Plans RATP
La Défense
Editions
A. LECONTE
Plan des rues de Paris

製作包包的訣竅

加上背帶的兩種肩背法

加上附日型環的背帶，即使裝入很多行李也可以輕快行動。背帶安裝D型環與鉡鉤，可以自由安裝或拆下。前口袋上還有音樂符號的設計。

以押釦拆裝的口袋，外觀設計精美，可當迷你背包或化妝包使用。

活用側幅寬度製作口袋，袋口穿入鬆緊帶、底部加上縫縮，提高收納力。

提把的固定帶只要一拉就可拿下來。提把固定帶上裝飾蕾絲更顯時尚。

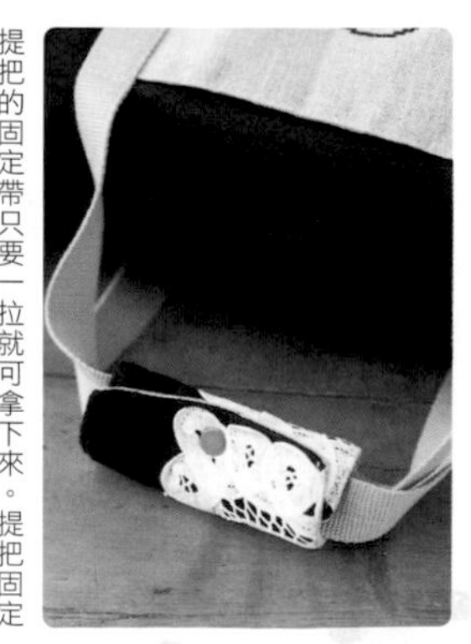

側幅・側幅口袋的原寸紙型　C面

材料　圓筒包：表布・後口袋表布・拉鍊襠布表布・提把固定帶表布110×70cm、側幅口袋a表布・後口袋裡布・提把固定帶裡布65×45cm、裡布・拉鍊襠布裡布70×70cm、前口袋表布・側幅口袋b35×20cm、前口袋裡布20×20cm、側幅口袋a裡布50×25cm、厚布襯70×70cm、棉襯15×20cm、寬2.5cm棉質織帶3m、寬2cm織帶15cm、寬4cm滾邊布140cm、寬0.6cm鬆緊帶30cm、38cm拉鍊1條、裝飾蕾絲、寬3cm D型環2個、寬2.8×4.5cm鋅鉤2個、寬2.8cm日型環1個、直徑1.1cm押釦（凹）2個。**迷你包**：表布60×30cm、口袋表布35×20cm、口袋裡布35×20cm、拉鍊襠布10×10cm、寬4cm滾邊布85cm、寬3cm滾邊布60cm、寬2cm蕾絲120cm、寬2cm織帶120cm、寬2cm棉質織帶35cm、寬1.5cm織帶20cm、寬6.5cm蕾絲15cm、直徑1.1cm押釦2組、22cm拉鍊1條、裝飾蕾絲、垂片。

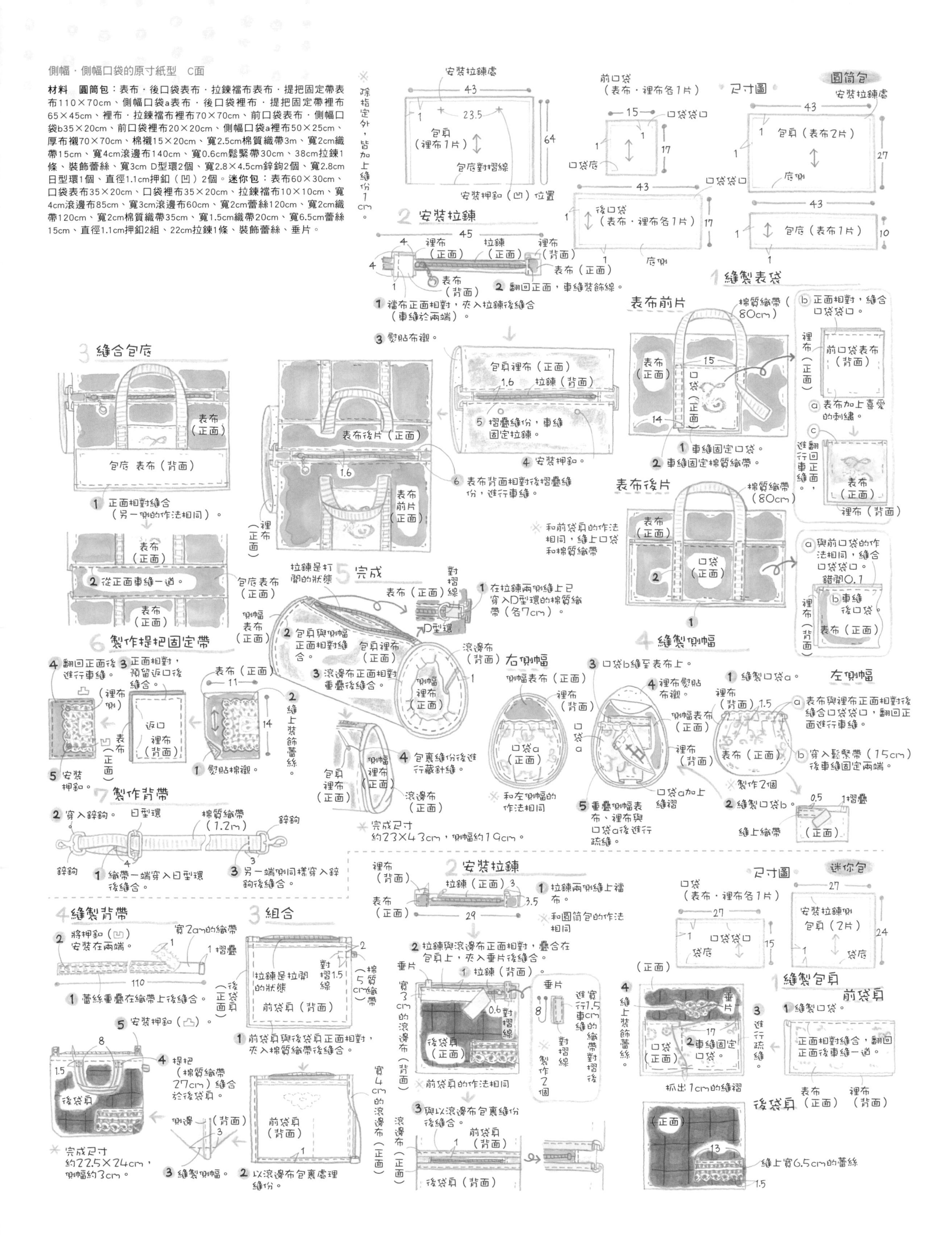

※除指定外，皆加上縫份1cm。
圓筒包
尺寸圖
安裝拉鍊處
包身（裡布1片）
包底對摺線
安裝押釦（凹）位置
前口袋（表布・裡布各1片）
口袋袋口
口袋底
後口袋（表布・裡布各1片）
底側
包身（表布2片）
包底（表布1片）
2 安裝拉鍊
1 襠布正面相對，夾入拉鍊後縫合（車縫於兩端）。
2 翻回正面，車縫裝飾線。
3 熨貼布襯。
1 縫製表袋
表布前片
棉質織帶（80cm）
b 正面相對，縫合口袋袋口。
前口袋表布（背面）
a 表布加上喜愛的刺繡。
c 翻回正面，進行車縫。
1 車縫固定口袋。
2 車縫固定棉質織帶。
表布後片
棉質織帶（80cm）
※和前袋身的作法相同，縫上口袋和棉質織帶
a 與前口袋的作法相同，縫合口袋袋口。錯開0.1
b 車縫後口袋。
包身裡布（正面）
拉鍊（背面）
5 摺疊縫份，車縫固定拉鍊。
4 安裝押釦。
6 表布背面相對後摺疊縫份，進行車縫。
表布後片（正面）
3 縫合包底
1 正面相對縫合（另一側的作法相同）。
包底 表布（背面）
2 從正面車縫一道。
包底表布（正面）
5 完成
拉鍊是打開的狀態
1 在拉鍊兩側縫上已穿入D型環的棉質織帶（各7cm）。
D型環
2 包身與側幅正面相對縫合。
3 滾邊布正面相對重疊後縫合。
4 包裹縫份後進行藏針縫。
※完成尺寸 約23×43cm，側幅約19cm。
4 縫製側幅
右側幅
3 口袋b縫至表布上。
4 裡布熨貼布襯。
5 重疊側幅表布、裡布與口袋a後進行疏縫。
口袋a加上縫褶
※和左側幅的作法相同
左側幅
1 縫製口袋a。
a 表布與裡布正面相對後縫合口袋袋口，翻回正面進行車縫。
b 穿入鬆緊帶（15cm）後車縫固定兩端。
※製作2個
2 縫製口袋b。
縫上織帶
6 製作提把固定帶
1 熨貼棉襯。
2 縫上裝飾蕾絲。
3 正面相對，預留返口後縫合。
4 翻回正面後進行車縫。
5 安裝押釦。
7 製作背帶
2 穿入鋅鉤。
日型環
棉質織帶（1.2m）
1 織帶一端穿入日型環後縫合。
3 另一端側同樣穿入鋅鉤後縫合。
迷你包
尺寸圖
口袋（表布・裡布各1片）
安裝拉鍊側
包身（2片）
袋底
2 安裝拉鍊
1 拉鍊兩側縫上襠布。
※和圓筒包的作法相同
2 拉鍊與滾邊布正面相對，疊合在包身上，夾入垂片後縫合。
垂片
寬3cm的滾邊布（背面）
進行1.5車縫的織帶對摺後
※製作2個
※前袋身的作法相同
3 與以滾邊布包裹縫份後縫合。
1 縫合包身
前袋身
1 縫製口袋。
正面相對縫合，翻回正面後車縫一道。
3 進行疏縫。
2 車縫固定口袋。
4 縫上裝飾蕾絲。
抓出1cm的縫褶
後袋身
縫上寬6.5cm的蕾絲
4 縫製背帶
2 將押釦（凹）安裝在兩端。
寬2cm的織帶
1 蕾絲重疊在織帶上後縫合。
5 安裝押釦（凸）。
3 組合
拉鍊是拉開的狀態
1 前袋身與後袋身正面相對，夾入棉質織帶後縫合。
2 以滾邊布包裹處理縫份。
3 縫製側幅。
4 提把（棉質織帶27cm）縫合於後袋身。
※完成尺寸 約22.5×24cm，側幅約3cm。

「啪」的一聲就能簡單打開
拿取或放入東西都非常輕鬆

提籃風手提包

新潟縣／円山kumi

　　這款可以寬敞地打開包口的手提包，外出野餐時非常方便。由於穩健的包身形狀，在用餐時就能很快取出食物或食材。木製的長形提把，有助於提高包包的容量。

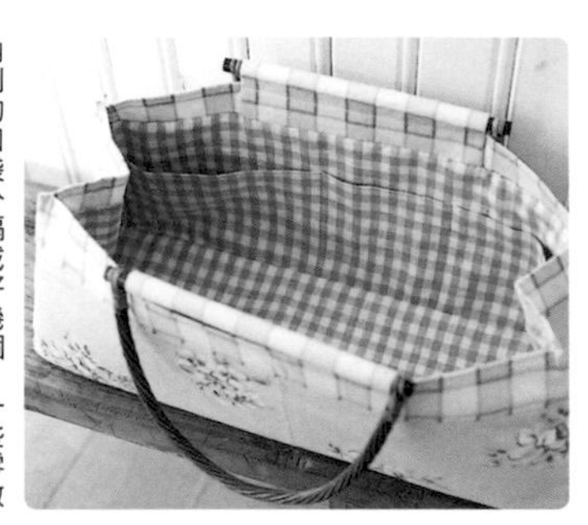

內側的口袋分隔成好幾個，一些零散的小物就很容易收納。搭配粉紅色格紋布，顯得非常亮眼。

原寸紙型　A面

材料　包身表布・側幅表布90×35cm、包口布・提把用布80×40cm、包身裡布・側幅裡布・口袋90×50cm、布襯90×60cm、寬20cm木製提把1組。

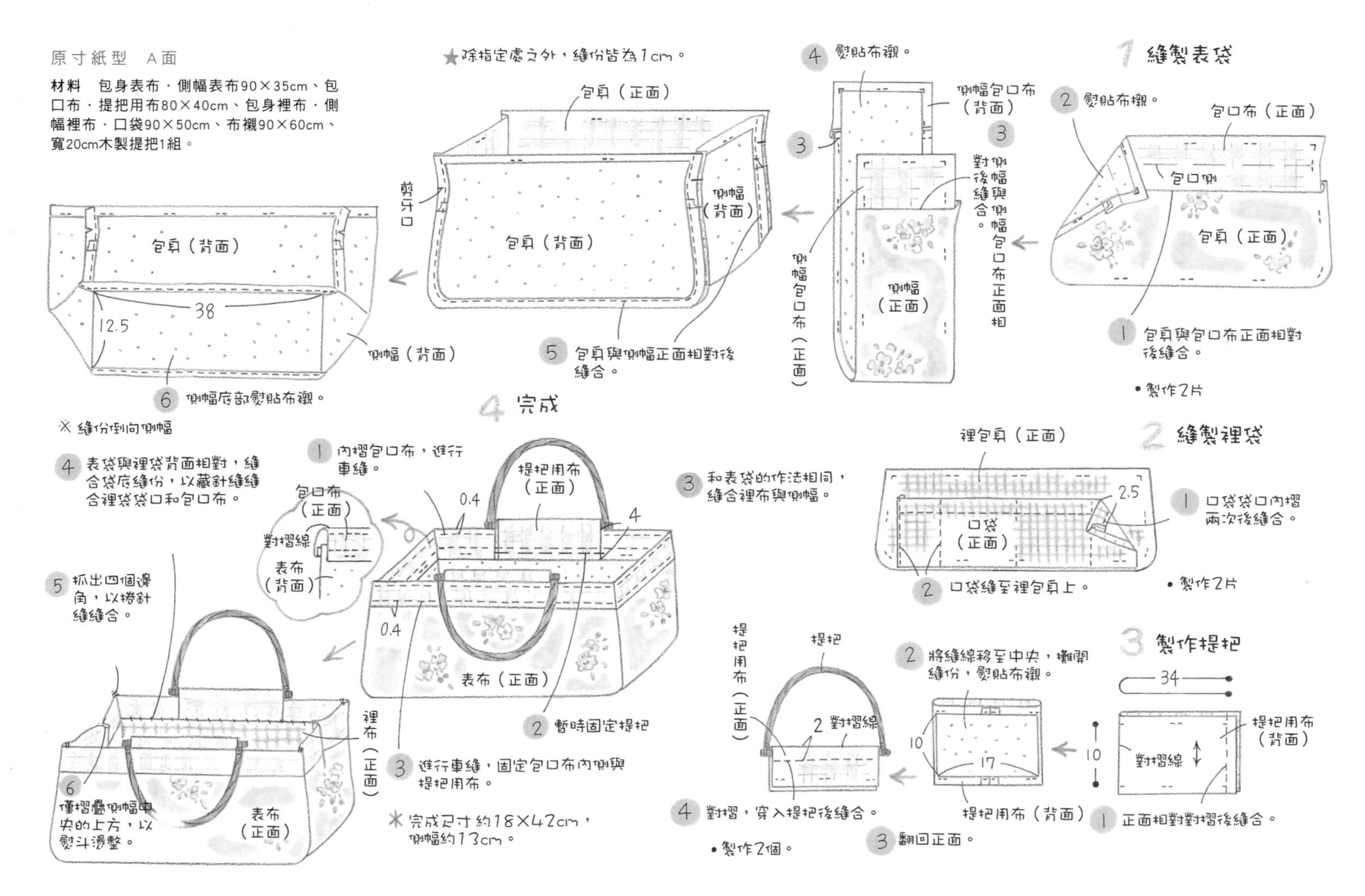

★除指定處之外，縫份皆為1cm。
1 縫製表袋
2 熨貼布襯。
包口布（正面）
包口側
包身（正面）
1 包身與包口布正面相對後縫合。
•製作2片
4 熨貼布襯。
側幅包口布（背面）
3
3 對齊側幅與側幅包口布正面相對後縫合。
側幅包口布（正面）
側幅（正面）
包身（正面）
剪牙口
側幅（背面）
包身（背面）
5 包身與側幅正面相對後縫合。
包身（背面）
38
12.5
側幅（背面）
6 側幅底部熨貼布襯。
※縫份倒向側幅
2 縫製裡袋
裡包身（正面）
2.5
口袋（正面）
1 口袋袋口內摺兩次後縫合。
2 口袋縫至裡包身上。
•製作2片
3 製作提把
34
提把用布（背面）
10
對摺線
1 正面相對對摺後縫合。
2 將縫線移至中央，攤開縫份，熨貼布襯。
10
17
提把用布（背面）
3 翻回正面。
提把
提把用布（正面）
2 對摺線
4 對摺，穿入提把後縫合。
•製作2個。
4 完成
1 內摺包口布，進行車縫。
提把用布（正面）
0.4
4
包口布（正面）
對摺線
表布（背面）
0.4
表布（正面）
2 暫時固定提把
3 進行車縫，固定包口布內側與提把用布。
3 和表袋的作法相同，縫合裡布與側幅。
4 表袋與裡袋背面相對，縫合袋底縫份，以藏針縫縫合裡袋袋口和包口布。
5 抓出四個邊角，以捲針縫縫合。
裡布（正面）
表布（正面）
6 僅摺疊側幅中央的上方，以熨斗燙整。
＊完成尺寸約18×42cm，側幅約13cm。

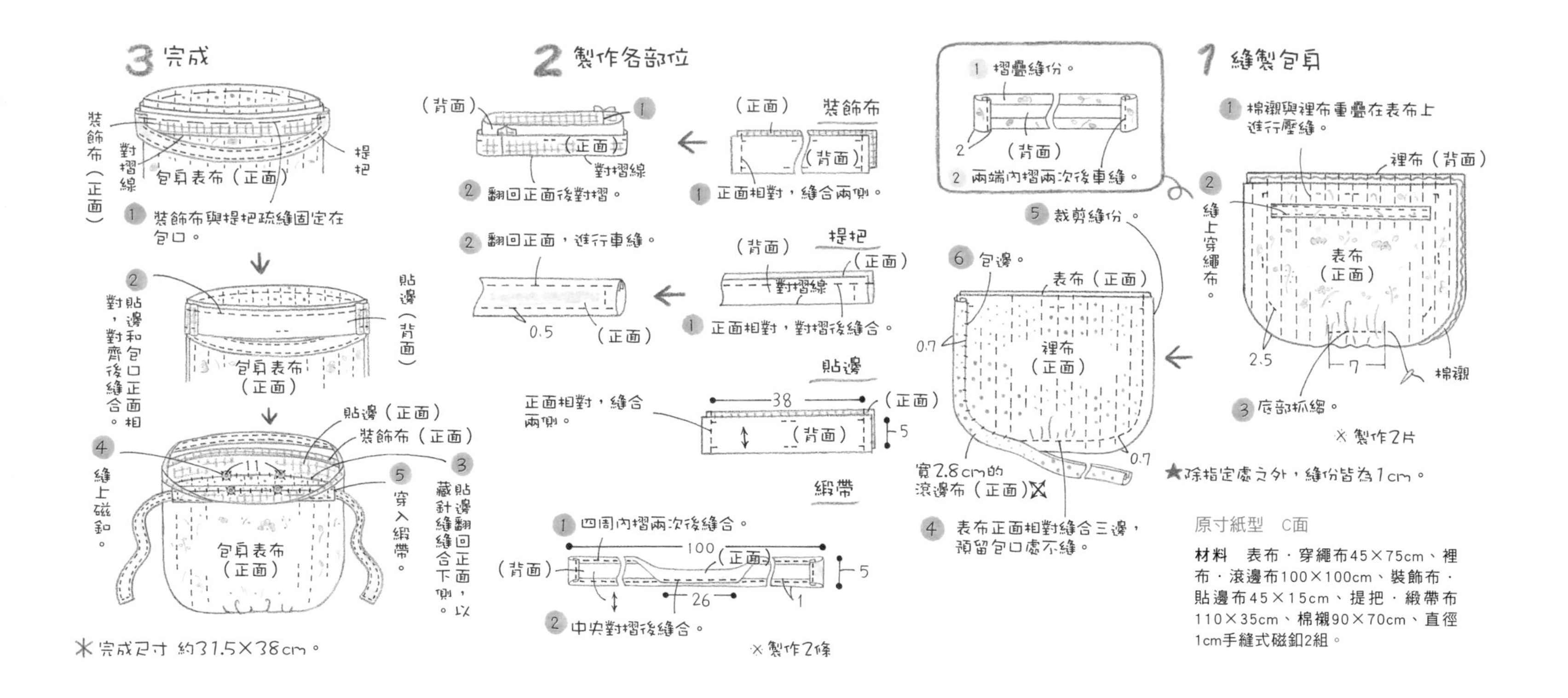

1 縫製包身
1 棉襯與裡布重疊在表布上進行壓縫。
裡布（背面）
2 縫上穿繩布。
表布（正面）
2.5
7
棉襯
3 底部抓縐。
※製作2片
1 摺疊縫份。
2 兩端內摺兩次後車縫。
（背面）
5 裁剪縫份。
6 包邊。
表布（正面）
裡布（正面）
0.7
寬2.8cm的滾邊布（正面）
4 表布正面相對縫合三邊，預留包口處不縫。
★除指定處之外，縫份皆為1cm。
原寸紙型 C面
材料 表布．穿繩布45×75cm、裡布．滾邊布100×100cm、裝飾布．貼邊布45×15cm、提把．緞帶布110×35cm、棉襯90×70cm、直徑1cm手縫式磁釦2組。
2 製作各部位
裝飾布
（正面）
（背面）
1 正面相對，縫合兩側。
2 翻回正面後對摺。
對摺線
提把
1 正面相對，對摺後縫合。
2 翻回正面，進行車縫。
0.5
貼邊
38
5
正面相對，縫合兩側。
緞帶
1 四周內摺兩次後縫合。
100
26
2 中央對摺後縫合。
※製作2條
3 完成
裝飾布（正面）
對摺線
包身表布（正面）
提把
1 裝飾布與提把疏縫固定在包口。
2 貼邊和包口正面相對，對齊後縫合。
貼邊（背面）
貼邊（正面）
裝飾布（正面）
11
4 縫上磁釦。
3 貼邊翻回正面，以藏針縫縫合下側。
5 穿入緞帶。
＊完成尺寸 約31.5×38cm。

可依行李量調節包口大小的

緞帶蝴蝶結包

新潟縣／円山kumi

這個提包的設計重點就是包口可愛的緞帶。由於不同的緞帶綁法可以改變包口的大小，所以非常好用。此外，在布料裡熨貼雙膠襯，正是防止表裡布滑動的訣竅。

縫製包包的訣竅

使用不同花色的布

以素雅布料完成的同款包包。包口加上荷葉邊，提把的寬度變細後，顯得更精緻。以同一方向進行車縫壓線，則是不起縐褶的重點。

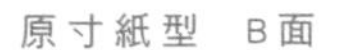
原寸紙型　B面

材料　表布a・寬4cm滾邊布130×80cm、表布b 90×30cm、表布c（粗條紋）130×30cm、裡布110×130cm、布襯110×140cm、寬1.5cm蕾絲40cm、寬2cm蕾絲20cm、寬3cm棉質織帶2.5m、寬3cm人字織帶1.6m、寬0.8cm鬆緊帶20cm、50cm拉鍊1條、直徑2.2cm包釦2個、寬3.5cmD型環2個、寬3.5×5cm鋅鉤2個、寬3.5cm日型環1個。

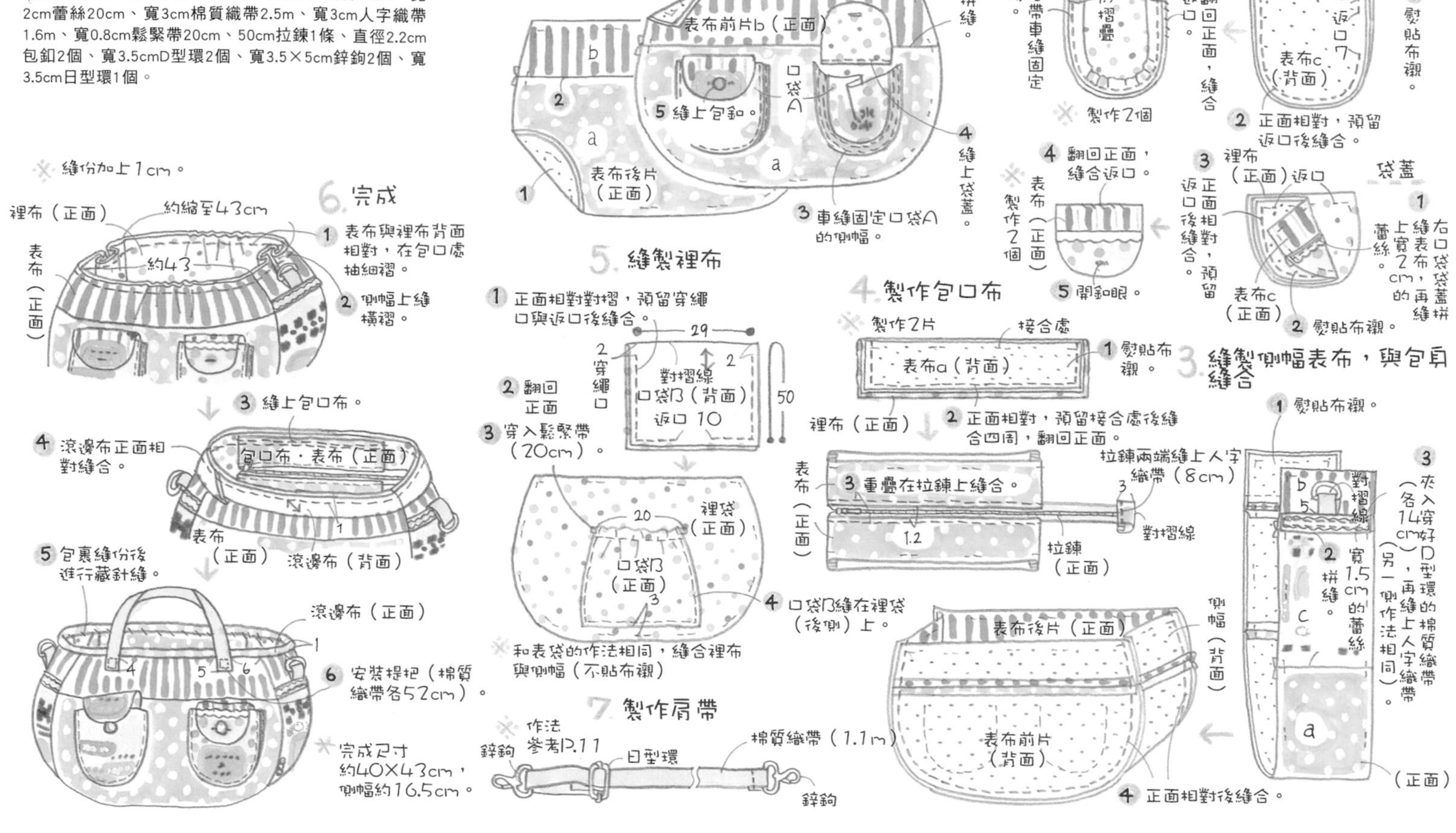

※縫份加上1cm。
1. 製作口袋A與袋蓋
口袋A
1 燙貼布襯。
返口 7
表布c（背面）
2 正面相對，預留返口後縫合。
3 翻回正面，返口縫合。
裡布（正面）
1.5 摺疊
4 在人字織帶邊緣車縫固定
※製作2個
袋蓋
1 燙貼布襯。
右上縫表布c，袋蓋再拼縫2cm的蕾絲。
2 燙貼布襯。
3 正面相對，預留返口後縫合。
4 翻回正面，縫合返口。
5 開釦眼。
※製作2個
2. 縫製包身表布
1 燙貼布襯。
2 拼縫。
表布前片b（正面）
口袋A
5 縫上包釦。
表布後片（正面）
3 車縫固定口袋A的側幅。
4 縫上袋蓋。
3. 縫製側幅表布，與包身縫合
1 燙貼布襯。
2 拼縫寬1.5cm的蕾絲。
3 夾入D型環的棉質織帶（各14cm穿好，另一側作法相同）。
對摺線
4 正面相對後縫合。
表布後片（正面）
側幅（背面）
表布前片（背面）
4. 製作包口布
※製作2片
接合處
表布a（背面）
1 燙貼布襯。
裡布（正面）
2 正面相對，預留接合處後縫合四周，翻回正面。
3 重疊在拉鍊上縫合。
拉鍊兩端縫上人字織帶（8cm）
拉鍊（正面）
對摺線
5. 縫製裡布
1 正面相對對摺，預留穿繩口與返口後縫合。
29
2 穿繩口
對摺線
口袋B（背面）
返口 10
50
2 翻回正面
3 穿入鬆緊帶（20cm）。
20
裡袋（正面）
口袋B（正面）
4 口袋B縫在裡袋（後側）上。
※和表袋的作法相同，縫合裡布與側幅（不貼布襯）
6. 完成
裡布（正面）
約縮至43cm
約43
表布（正面）
1 表布與裡布背面相對，在包口處抽細褶。
2 側幅上縫橫褶。
3 縫上包口布。
包口布・表布（正面）
4 滾邊布正面相對縫合。
表布（正面）
滾邊布（背面）
5 包裹縫份後進行藏針縫。
滾邊布（正面）
6 安裝提把（棉質織帶各52cm）。
※完成尺寸 約40×43cm，側幅約16.5cm。
7. 製作肩帶
※作法參考P.11
鋅鉤
日型環
棉質織帶（1.1m）

縮紛亮眼的外觀
走到哪都找得到媽媽

月牙形媽咪包

群馬縣／清水友美

即使是在回家探親的混亂路途中，小孩也能立刻認出的彩色媽咪包。雖然提包的尺寸很大，但由於使用粗條紋布，所以不必煩惱花紋的搭配，就可以輕鬆製作完成。

直接利用織帶的寬度當側幅。由於口袋有側幅，所以可裝入很多東西。

WASHING
LAUNDRY
COOKING!!
CLEANING
Bubble & Dots

許多親子都喜歡的貼心設計

附收納袋的媽咪包

千葉縣／杉野未央子

這是一款親子外出時必備的包款，提把的D型環上可掛玩具公仔，裡布使用防水布，即使牛奶灑出來也沒關係。手提包的配色則是清爽風格。

縫製包包的訣竅

也可以取下來使用

內側以鋅鉤拆掛的收納袋，可以用來裝小朋友的玩具等小物。裝濕紙巾的面紙套，還加裝了防乾燥的垂片。

材料　媽咪包：表布50×65cm、裡布用防水布50×65cm、包底・包口布・提把70×90cm、寬2.5cm人字織帶1.7m、寬2cm織帶15cm、寬2cm的D型環3個。收納袋：袋身35×40cm、口袋a 20×30cm、口袋b 30×50cm、面紙袋・垂片用防水布55×20cm、固定用布・滾邊布35×15cm、寬1.3cm織帶10cm、直徑0.1cm繩子10cm、直徑0.4繩子5cm、1.5×4cm鋅鉤3個、直徑1.5cm鈕釦1個。

☆除指定處之外，縫份皆為1cm。

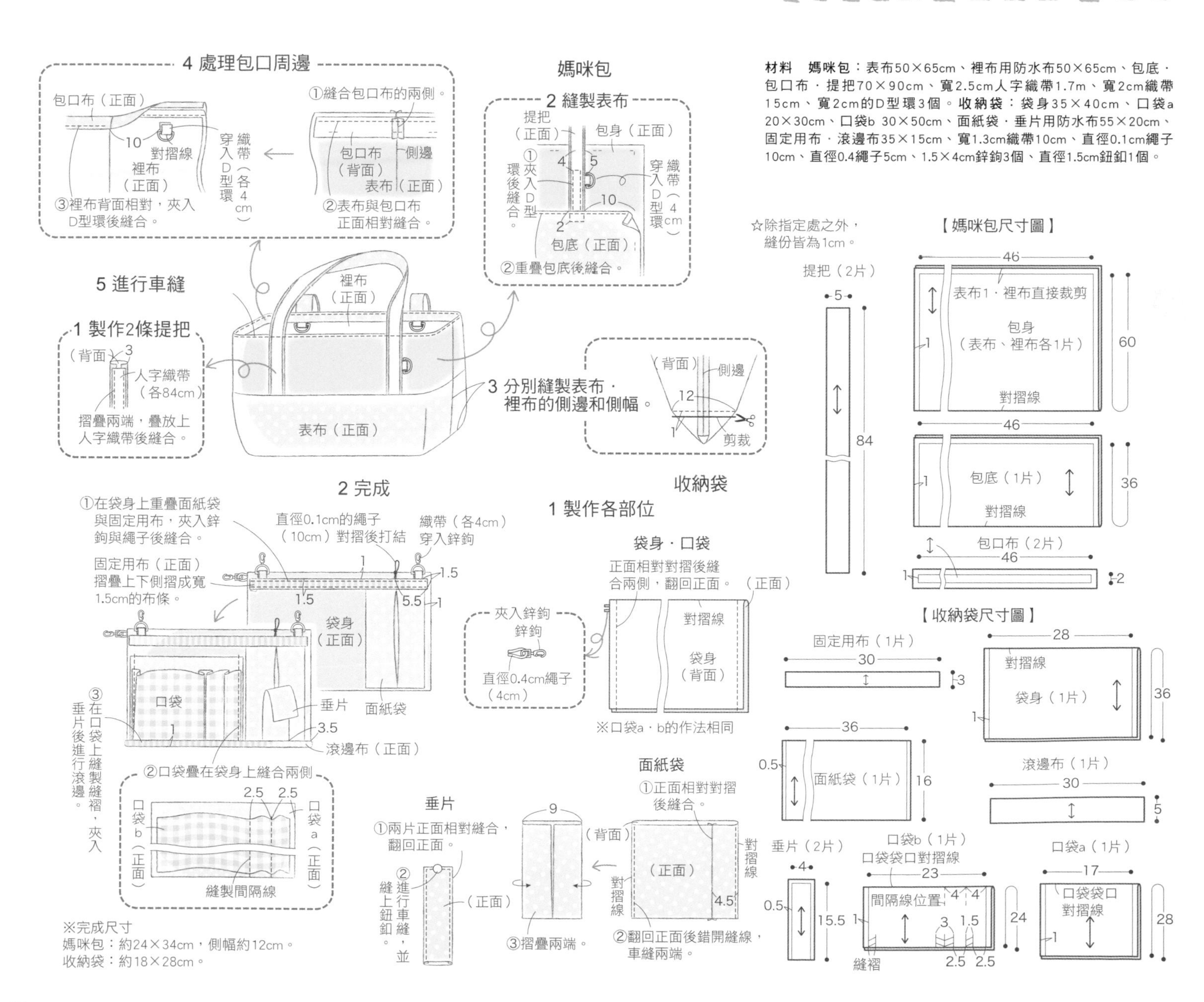

媽咪包
1 製作2條提把
（背面）
3
人字織帶（各84cm）
摺疊兩端，疊放上人字織帶後縫合。
2 縫製表布
提把（正面）
包身（正面）
①夾入D型環後縫合。
穿入織帶（4cm）D型環
包底（正面）
②重疊包底後縫合。
3 分別縫製表布．裡布的側邊和側幅。
（背面）
側邊
剪裁
4 處理包口周邊
①縫合包口布的兩側。
包口布（背面）
側邊
表布（正面）
②表布與包口布正面相對縫合。
包口布（正面）
對摺線
裡布（正面）
③裡布背面相對，夾入D型環後縫合。
穿入織帶（各4cm）D型環
5 進行車縫
裡布（正面）
表布（正面）
收納袋
1 製作各部位
袋身．口袋
正面相對對摺後縫合兩側，翻回正面。
（正面）
對摺線
袋身（背面）
※口袋a．b的作法相同
夾入鋅鉤
鋅鉤
直徑0.4cm繩子（4cm）
面紙袋
①正面相對對摺後縫合。
（背面）
（正面）
對摺線
②翻回正面後錯開縫線，車縫兩端。
垂片
①兩片正面相對縫合，翻回正面。
（正面）
②縫上鈕釦並進行車縫。
③摺疊兩端。
2 完成
①在袋身上重疊面紙袋與固定用布，夾入鋅鉤與繩子後縫合。
直徑0.1cm的繩子（10cm）對摺後打結
織帶（各4cm）穿入鋅鉤
固定用布（正面）摺疊上下側摺成寬1.5cm的布條。
袋身（正面）
口袋
垂片
面紙袋
滾邊布（正面）
③在口袋上縫製縫褶，夾入垂片後進行滾邊。
②口袋疊在袋身上縫合兩側
口袋b（正面）
口袋a（正面）
縫製間隔線
※完成尺寸
媽咪包：約24×34cm，側幅約12cm。
收納袋：約18×28cm。
【媽咪包尺寸圖】
提把（2片）
84
表布1，裡布直接裁剪
包身（表布、裡布各1片）
60
對摺線
包底（1片）
36
包口布（2片）
46
【收納袋尺寸圖】
固定用布（1片）
30
袋身（1片）
28
36
面紙袋（1片）
16
滾邊布（1片）
垂片（2片）
15.5
口袋b（1片）
口袋袋口對摺線
23
間隔線位置
24
縫褶
口袋a（1片）
17
口袋袋口對摺線
28

PART 2

在打扮漂亮的日子裡最好搭

時尚外出包

**點綴著蕾絲、飾花或加點刺繡……
加上具有個人風格裝飾的包包，
光是當作裝飾配件也讓人心情愉快。
提著這樣令人神采奕奕的外出包，
讓你的風采更迷人。**

成為搭配重點的

淑女包

神奈川縣／山之內薰

想打扮得甜美一點時，最適合搭配小型提包了。將蕾絲重疊成扇形，裝飾在包包的上半部。並且在下方加上花朵刺繡取得平衡。請依刺繡圖案大小來調整蕾絲的份量。

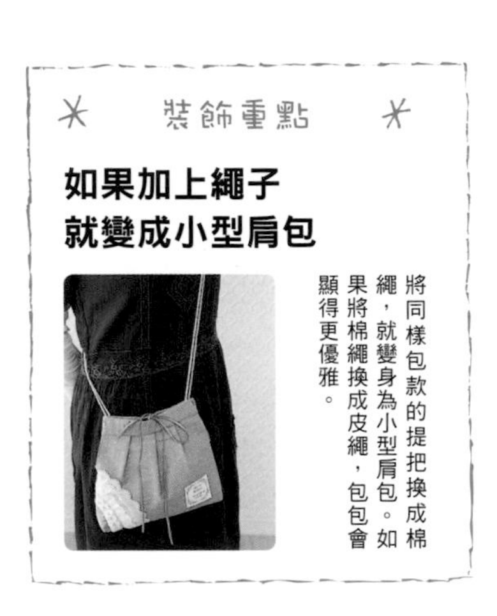

＊ 裝飾重點 ＊

**如果加上繩子
就變成小型肩包**

將同樣包款的提把換成棉繩，就變身為小型肩包。如果將棉繩換成皮繩，包包會顯得更優雅。

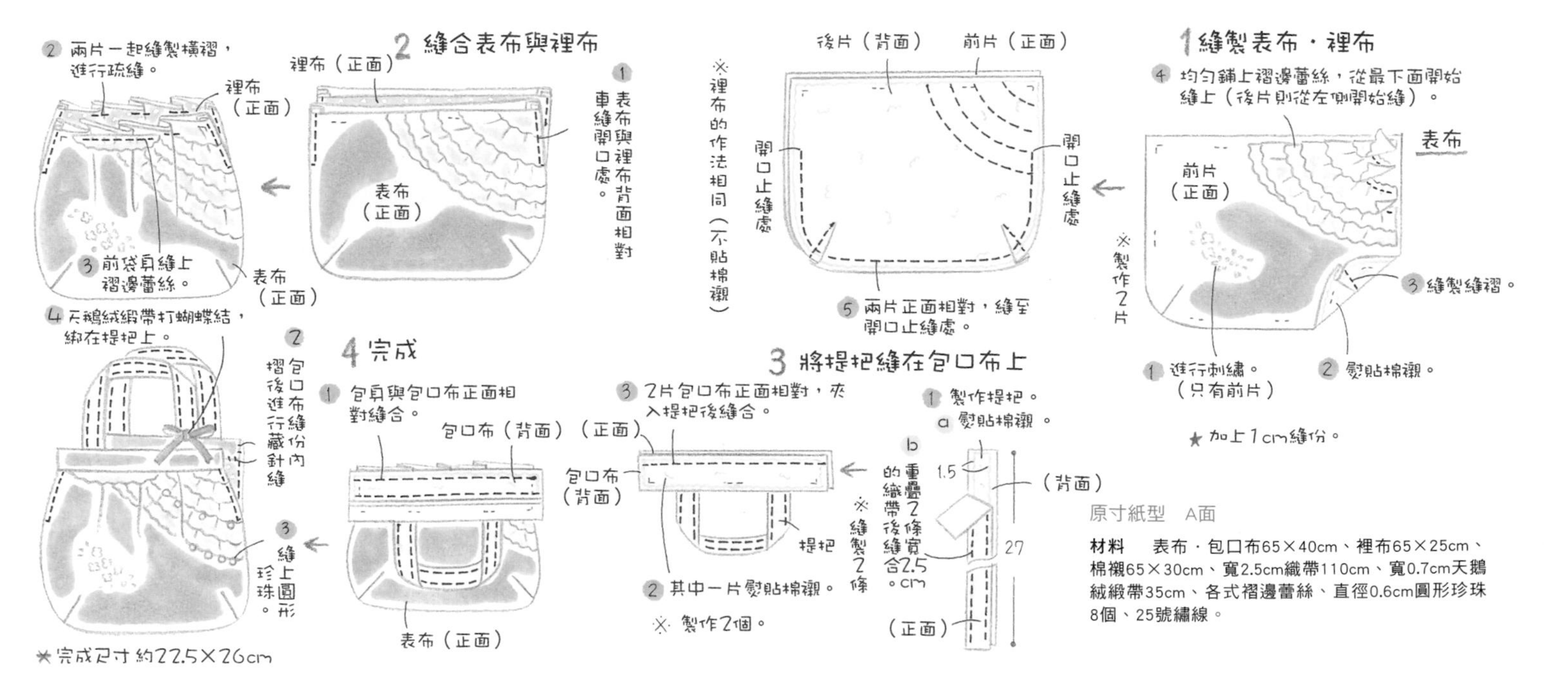

1縫製表布・裡布
4 均勻鋪上摺邊蕾絲，從最下面開始縫上（後片則從左側開始縫）。
表布
前片（正面）
※製作2片
3 縫製縫摺。
1 進行刺繡。（只有前片）
2 燙貼棉襯。
★ 加上1cm縫份。
後片（背面）
前片（正面）
※裡布的作法相同（不貼棉襯）
開口止縫處
開口止縫處
5 兩片正面相對，縫至開口止縫處。
2 縫合表布與裡布
裡布（正面）
1 表布與裡布背面相對，車縫開口處。
表布（正面）
2 兩片一起縫製橫摺，進行疏縫。
裡布（正面）
3 前袋身縫上摺邊蕾絲。
表布（正面）
3 將提把縫在包口布上
1 製作提把。
a 燙貼棉襯。
b 重疊2條的織帶後縫合2.5cm寬
1.5
（背面）
27
（正面）
※縫製2條
3 2片包口布正面相對，夾入提把後縫合。
包口布（背面）
（正面）
包口布（背面）
提把
2 其中一片燙貼棉襯。
※ 製作2個。
4 完成
1 包身與包口布正面相對縫合。
包口布（背面）
表布（正面）
4 天鵝絨緞帶打蝴蝶結，綁在提把上。
2 包口布縫份摺進內側後進行藏針縫
3 縫上圓形珍珠。
★ 完成尺寸約22.5×26cm

原寸紙型　A面

材料　表布・包口布65×40cm、裡布65×25cm、棉襯65×30cm、寬2.5cm織帶110cm、寬0.7cm天鵝絨緞帶35cm、各式褶邊蕾絲、直徑0.6cm圓形珍珠8個、25號繡線。

縫綴喜愛的蕾絲吧！

蕾絲提包

埼玉縣／大澤薰

若想完成一個在特別日子攜帶的外出包，那就加上你喜愛的蕾絲吧！由於蕾絲的裝飾很引人注目，因此包款的設計和布料就要簡單。在側邊用印章蓋出文字也很特別。

Back

另一面口袋是俐落的方形蕾絲。加上蕾絲，整個提包給人的印象完全改變，這是最有趣的一點。縫合包底與側幅時，如果一開始就將側幅的縫份熨開成直角再疏縫固定，就會縫得很漂亮。

原寸紙型　B面

材料　表布・貼邊・提把・外口袋裡布・內口袋・袋蓋110×50cm、外口袋表布・裡布60×40cm、布襯110×50cm、寬0.9cm蕾絲55cm、各種蕾絲、直徑1.5cm磁釦1組、直徑0.8cm磁釦2組、布標。

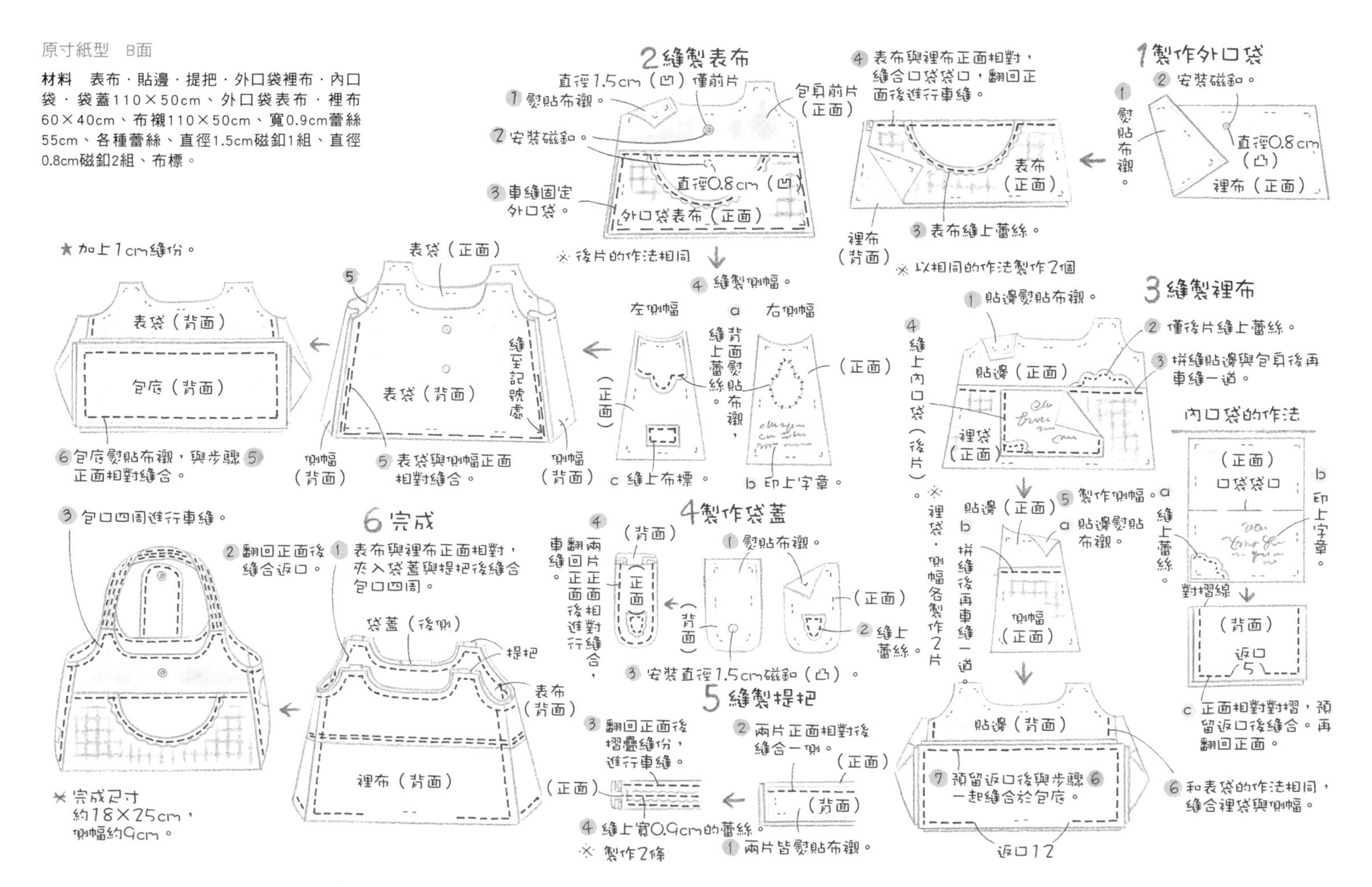

1製作外口袋
1 熨貼布襯。
2 安裝磁釦。
直徑0.8cm（凸）
裡布（正面）
表布（正面）
3 表布縫上蕾絲。
裡布（背面）
4 表布與裡布正面相對，縫合口袋袋口，翻回正面後進行車縫。
※以相同的作法製作2個
2縫製表布
直徑1.5cm（凹）僅前片
1 熨貼布襯。
包身前片（正面）
2 安裝磁釦。
直徑0.8cm（凹）
3 車縫固定外口袋。
外口袋表布（正面）
※後片的作法相同
4 縫製側幅。
左側幅
右側幅
a 縫背面上蕾絲。
熨貼布襯，
（正面）
c 縫上布標。
b 印上字章。
表袋（正面）
5 縫至記號處
表袋（背面）
側幅（背面）
5 表袋與側幅正面相對縫合。
★加上1cm縫份。
表袋（背面）
包底（背面）
6 包底熨貼布襯，與步驟5正面相對縫合。
3縫製裡布
1 貼邊熨貼布襯。
2 僅後片縫上蕾絲。
3 拼縫貼邊與包身後再車縫一道。
貼邊（正面）
裡袋（正面）
4 縫上內口袋（後片）。
※裡袋・側幅各製作2片
貼邊（正面）
5 製作側幅。
a 貼邊熨貼布襯。
b 拼縫後再車縫一道
側幅（正面）
內口袋的作法
（正面）
口袋袋口
b 印上字章。
a 縫上蕾絲。
對摺線
（背面）
返口5
c 正面相對對摺，預留返口後縫合。再翻回正面。
貼邊（背面）
7 預留返口後與步驟6一起縫合於包底。
返口12
6 和表袋的作法相同，縫合裡袋與側幅。
4製作袋蓋
1 熨貼布襯。
（正面）
2 縫上蕾絲。
3 安裝直徑1.5cm磁釦（凸）。
4 兩片正面相對車縫後翻回正面進行縫合。
（背面）
（正面）
5縫製提把
1 兩片皆熨貼布襯。
2 兩片正面相對後縫合一側。
（正面）
（背面）
3 翻回正面後摺疊縫份，進行車縫。
4 縫上寬0.9cm的蕾絲。
※製作2條
6完成
1 表布與裡布正面相對，夾入袋蓋與提把後縫合包口四周。
2 翻回正面後縫合返口。
3 包口四周進行車縫。
袋蓋（後側）
提把
表布（背面）
裡布（背面）
★完成尺寸
約18×25cm，
側幅約9cm。

組合懷舊花紋布料的

經典復古包

福岡縣／福田紀美代

這款印花布X印花布的獨特提包，整體造型如貝殼般可愛。由於包口布上貼了厚布襯，讓車縫固定的提把更耐用。

✳ 裝飾重點 ✳

扇形展開的蕾絲增添少女浪漫風格

非常適合搭配
自然色系的
裝扮喔！

如果將提把換成木製，再搭配相襯的蕾絲，就變成十足少女風格的提包。白色×棕色的組合，給人不過於甜美而穩重的印象。

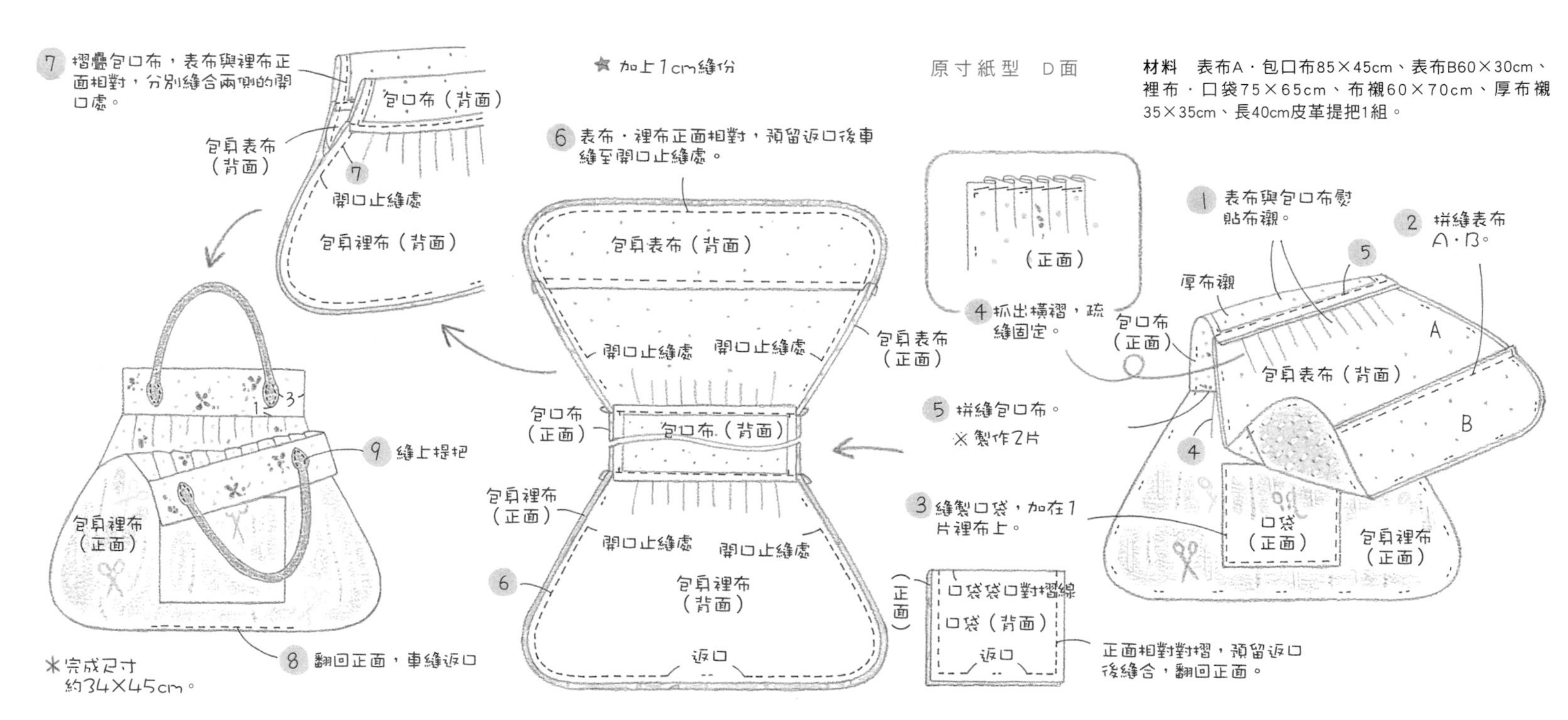

7 摺疊包口布，表布與裡布正面相對，分別縫合兩側的開口處。
包口布（背面）
包身表布（背面）
7
開口止縫處
包身裡布（背面）
★ 加上1cm縫份
6 表布・裡布正面相對，預留返口後車縫至開口止縫處。
包身表布（背面）
開口止縫處
開口止縫處
包身表布（正面）
包口布（正面）
包口布（背面）
包身裡布（正面）
開口止縫處
開口止縫處
包身裡布（背面）
6
返口
（正面）
4 抓出褶襉，疏縫固定。
5 拼縫包口布。
※製作2片
3 縫製口袋，加在1片裡布上。
正面
口袋袋口對摺線
口袋（背面）
返口
正面相對對摺，預留返口後縫合，翻回正面。
1 表布與包口布燙貼布襯。
2 拼縫表布A・B。
5
厚布襯
包口布（正面）
A
包身表布（背面）
B
4
口袋（正面）
包身裡布（正面）
1
3
9 縫上提把
包身裡布（正面）
8 翻回正面，車縫返口
＊完成尺寸
約34×45cm。

原寸紙型 D面

材料 表布A・包口布85×45cm、表布B60×30cm、裡布・口袋75×65cm、布襯60×70cm、厚布襯35×35cm、長40cm皮革提把1組。

原寸紙型　A面

材料　表布・包口布70×45cm、裡布80×30cm、口袋・拼布用布35×35cm、棉襯80×30cm、包口布用蕾絲4×50cm、各種蕾絲、5種鈕釦、寬13cm竹製提把1組。

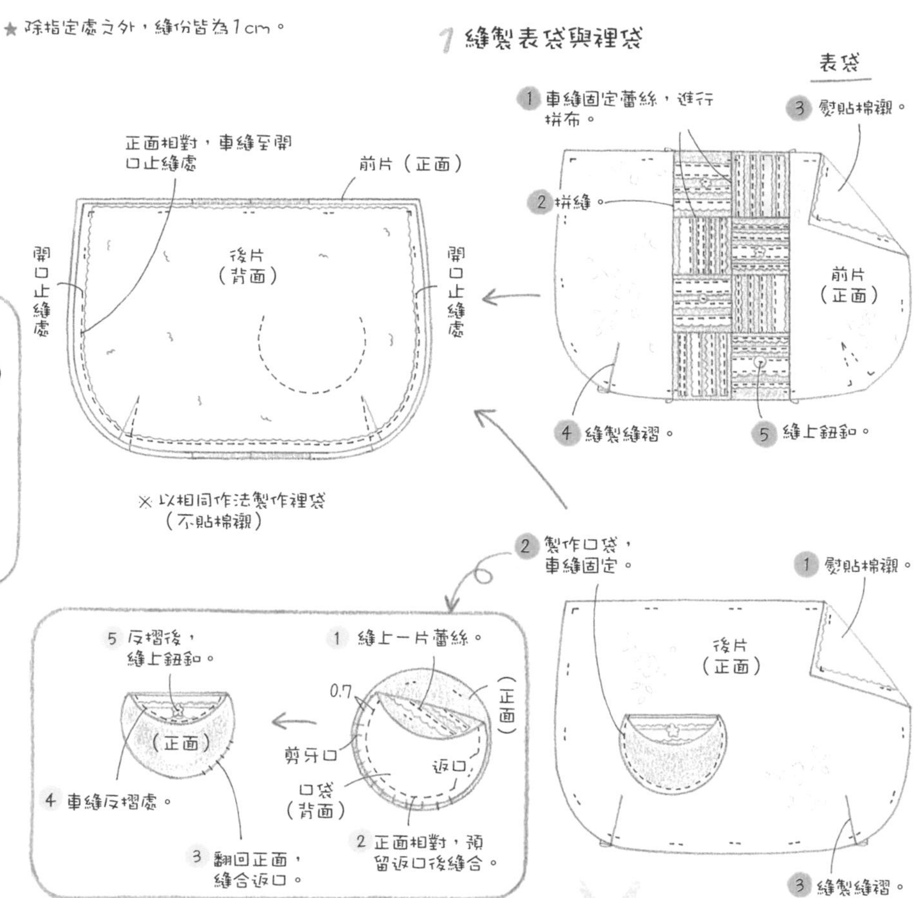
★除指定處之外，縫份皆為1cm。
1 縫製表袋與裡袋
表袋
1 車縫固定蕾絲，進行拼布。
3 燙貼棉襯。
2 拼縫。
前片（正面）
4 縫製縫褶。
5 縫上鈕釦。
正面相對，車縫至開口止縫處
前片（正面）
開口止縫處
後片（背面）
開口止縫處
※以相同作法製作裡袋（不貼棉襯）
2 製作口袋，車縫固定。
1 燙貼棉襯。
後片（正面）
3 縫製縫褶。
5 反摺後，縫上鈕釦。
1 縫上一片蕾絲。
0.7
（正面）
剪牙口
返口
口袋（背面）
（正面）
4 車縫反摺處。
3 翻回正面，縫合返口。
2 正面相對，預留返口後縫合。

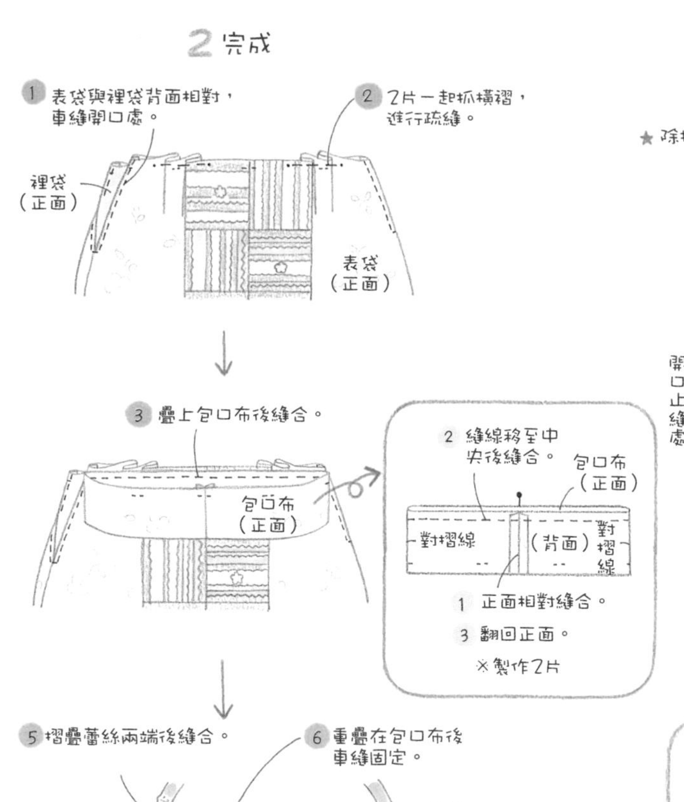
2 完成
1 表袋與裡袋背面相對，車縫開口處。
2 2片一起抓橫褶，進行疏縫。
裡袋（正面）
表袋（正面）
3 疊上包口布後縫合。
包口布（正面）
2 縫線移至中央後縫合。
包口布（正面）
對摺線
（背面）
對摺線
1 正面相對縫合。
3 翻回正面。
※製作2片
5 摺疊蕾絲兩端後縫合。
6 重疊在包口布後車縫固定。
蕾絲
提把
0.5
包口布
7 包裹提把，從正面進行落針壓縫。
4 拉開包口布，摺入縫份後進行藏針縫。
裡袋（正面）
※完成尺寸約24×35cm。

拼縫一片片的蕾絲

夢幻少女包

神奈川縣／先崎友美

這個圓潤造型的提包，中央加上了蕾絲拼布，給人純潔乾淨的感覺。將一些零碎不用的蕾絲縱橫交錯地拼縫在亞麻布上，就可以營造出蕾絲布一樣，令人愛不釋手的風格。

裝飾重點

隱藏的部分也飾有蕾絲

以蕾絲包裹竹製提把後縫在包身上，就輕鬆完成漂亮的裝飾。

Back

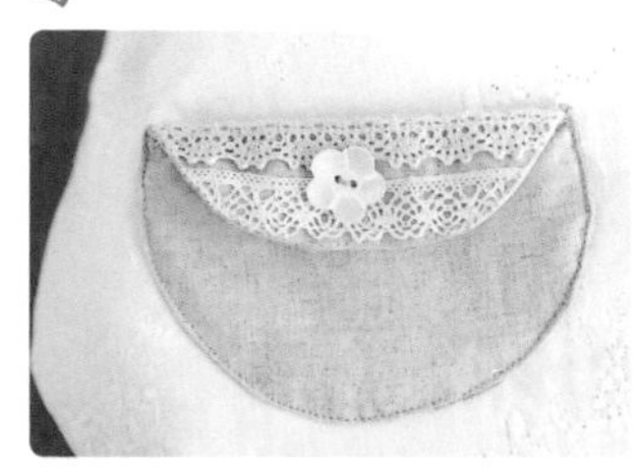

背面縫上一個可放入小物的口袋，加上和正面一樣的蕾絲與鈕釦，營造出統一感。

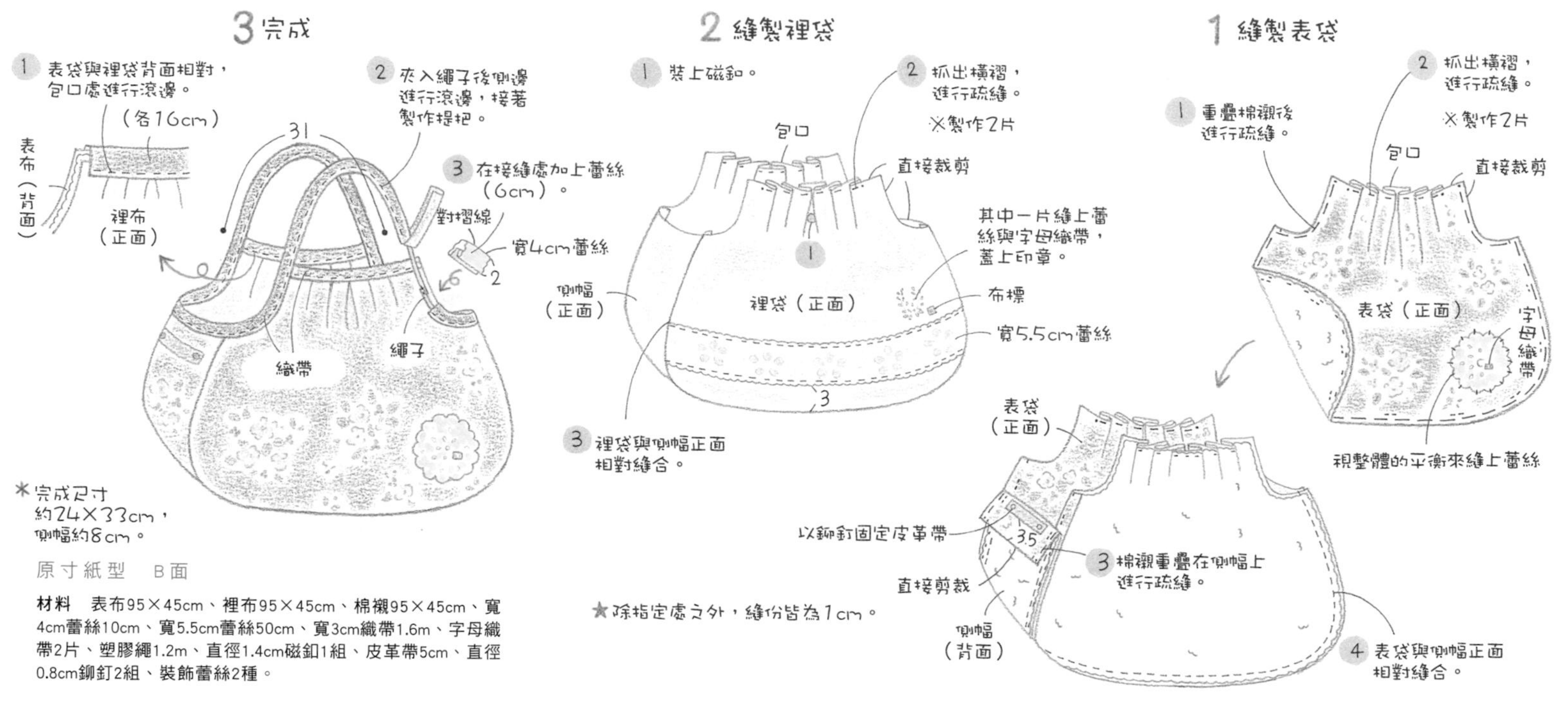
1 縫製表袋
1 重疊棉襯後進行疏縫。
2 抓出橫褶，進行疏縫。
※製作2片
包口
直接裁剪
表袋（正面）
字母織帶
視整體的平衡來縫上蕾絲
表袋（正面）
以鉚釘固定皮革帶
35
3 棉襯重疊在側幅上進行疏縫。
直接剪裁
側幅（背面）
4 表袋與側幅正面相對縫合。
2 縫製裡袋
1 裝上磁釦。
2 抓出橫褶，進行疏縫。
※製作2片
包口
直接裁剪
其中一片縫上蕾絲與字母織帶，蓋上印章。
布標
寬5.5cm蕾絲
側幅（正面）
裡袋（正面）
3
3 裡袋與側幅正面相對縫合。
★除指定處之外，縫份皆為1cm。
3 完成
1 表袋與裡袋背面相對，包口處進行滾邊。
2 夾入繩子後側邊進行滾邊，接著製作提把。
3 在接縫處加上蕾絲（6cm）。
（各16cm）
31
表布（背面）
裡布（正面）
對摺線
寬4cm蕾絲
6
2
織帶
繩子

*完成尺寸
約24×33cm，
側幅約8cm。

原寸紙型　B面

材料　表布95×45cm、裡布95×45cm、棉襯95×45cm、寬4cm蕾絲10cm、寬5.5cm蕾絲50cm、寬3cm織帶1.6m、字母織帶2片、塑膠繩1.2m、直徑1.4cm磁釦1組、皮革帶5cm、直徑0.8cm鉚釘2組、裝飾蕾絲2種。

側幅寬大方便的

蓬鬆祖母包

兵庫縣／坂部美代

以棉襯將受歡迎的祖母包製作得蓬鬆柔軟，給人親切溫馨的感覺。在滾邊的拼接處，以蕾絲隨性裝飾的作法也很引人注目。

Side 6

如果有側幅，收納力就大幅增加。以皮革標籤點綴，更增添原創感。

✳ 裝飾重點 ✳

雙面可用
2way手提包

裡布使用能突顯滾邊的素色布，加上蕾絲與印章的裝飾，呈現出自然設計風格。可依據不同的服裝，享受搭配的樂趣。

以合成皮革作成耐用包底

圓點拼布外出包

北海道／見留愛子

這是一款拼縫羊毛布、燈芯絨等秋冬素材的提包。為了讓手提包更耐用，包底使用強韌的合成皮革。還加上手工製作的胸花，一個賞心悅目的手作包就完成了 ！

原寸紙型　A面

材料　提把裡布・釦帶表布・胸花用布65×25cm、裡布・口袋b80×70cm、前片・側幅a用燈芯絨2種各35×35cm、後片・左口袋a 50×35cm、右口袋a 15×20cm、前片・釦帶裡布・提把表布60×30cm、側幅b用合成皮革45×15cm、拼布用布3種、不織布2種、布襯80×55cm、寬1.8cm蕾絲50cm、寬1.3cm蕾絲25cm、直徑1.4cm磁釦1組、安全別針1個。

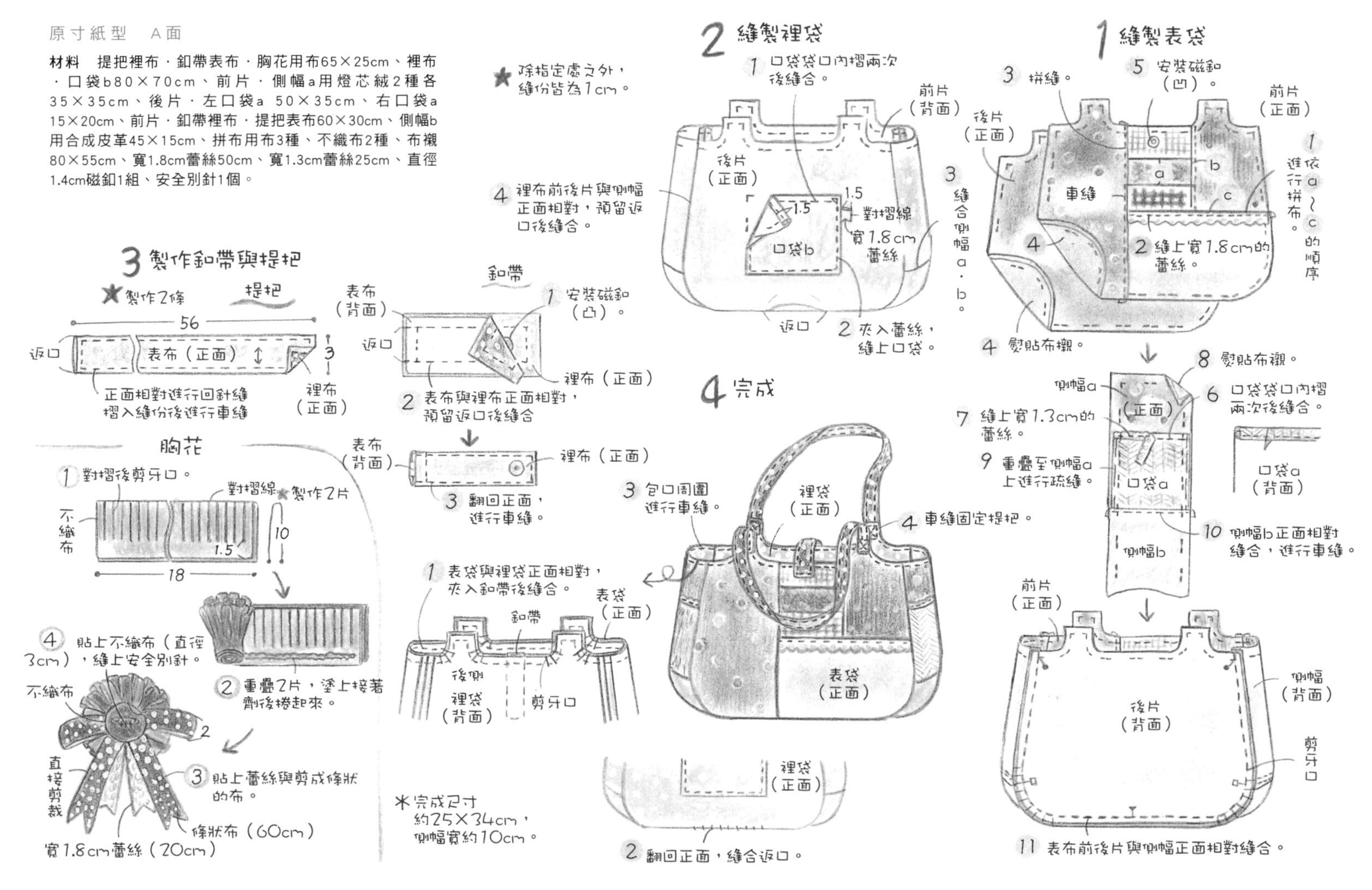

★除指定處之外，縫份皆為1cm。
3 製作釦帶與提把
★製作2條
提把
56
返口
表布（正面）
3
裡布（正面）
正面相對進行回針縫
摺入縫份後進行車縫
釦帶
表布（背面）
1 安裝磁釦（凸）。
返口
裡布（正面）
2 表布與裡布正面相對，預留返口後縫合
表布（背面）
裡布（正面）
3 翻回正面，進行車縫。
胸花
1 對摺後剪牙口。
對摺線
★製作2片
不織布
10
1.5
18
2 重疊2片，塗上接著劑後捲起來。
4 貼上不織布（直徑3cm），縫上安全別針。
不織布
2
3 貼上蕾絲與剪成條狀的布。
直接剪裁
條狀布（60cm）
寬1.8cm蕾絲（20cm）
＊完成尺寸
約25×34cm，
側幅寬約10cm。
4 裡布前後片與側幅正面相對，預留返口後縫合。
2 縫製裡袋
1 口袋袋口內摺兩次後縫合。
前片（背面）
後片（正面）
1.5
1.5
對摺線
寬1.8cm蕾絲
口袋b
3 縫合側幅a・b。
返口
2 夾入蕾絲，縫上口袋。
4 完成
1 表袋與裡袋正面相對，夾入釦帶後縫合。
釦帶
表袋（正面）
後側
裡袋（背面）
剪牙口
2 翻回正面，縫合返口。
裡袋（正面）
3 包口周圍進行車縫。
裡袋（正面）
4 車縫固定提把。
表袋（正面）
1 縫製表袋
3 拼縫。
5 安裝磁釦（凹）。
前片（正面）
後片（正面）
a
b
c
車縫
1 依a～c的順序進行拼布。
4
2 縫上寬1.8cm的蕾絲。
4 燙貼布襯。
8 燙貼布襯。
側幅a
（正面）
6 口袋袋口內摺兩次後縫合。
7 縫上寬1.3cm的蕾絲。
9 重疊至側幅a上進行疏縫。
口袋a
口袋a（背面）
10 側幅b正面相對縫合，進行車縫。
側幅b
前片（正面）
後片（背面）
側幅（背面）
剪牙口
11 表布前後片與側幅正面相對縫合。

多了側口袋真教人開心的

花朵媽咪包

香川縣／久保佐和子

這個以50cm布長製作的媽咪包，其實是名符其實的祖母包。由於包口很大，細長的提把也特別加長了，因此即使抱著孩子也很方便拿取物品。

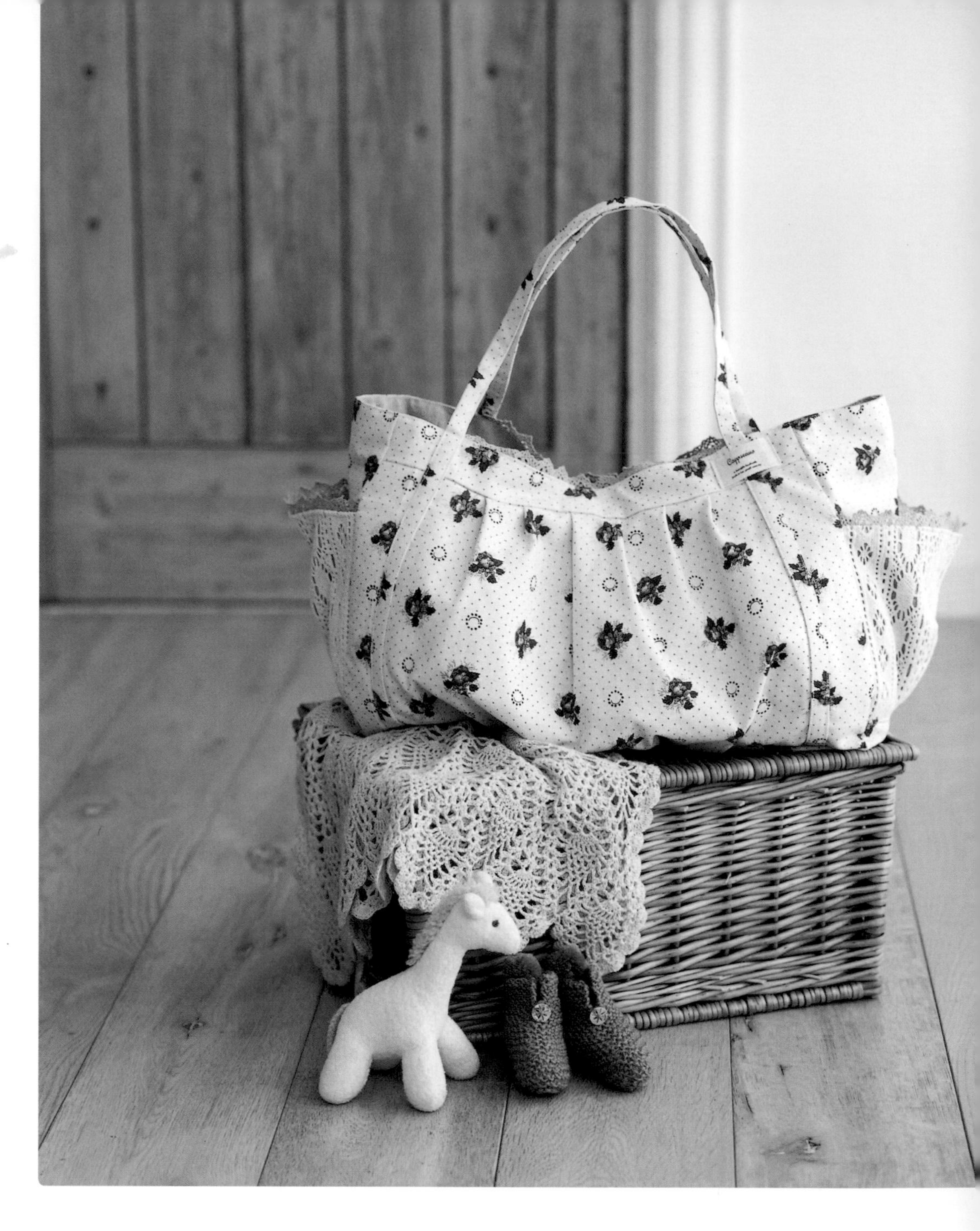

⁎ 裝飾重點 ⁎

在口袋縫上蕾絲

兩側各縫製了附側幅的大型口袋，連奶瓶、毛巾也可以輕易放入。而蕾絲的綴飾使包款更顯華麗。

原寸紙型 B面

材料 表布110×50cm、裡布110×50cm、蕾絲布55×20cm、寬2cm的蕾絲110cm、布標2片、寬0.7cm的繩子70cm。

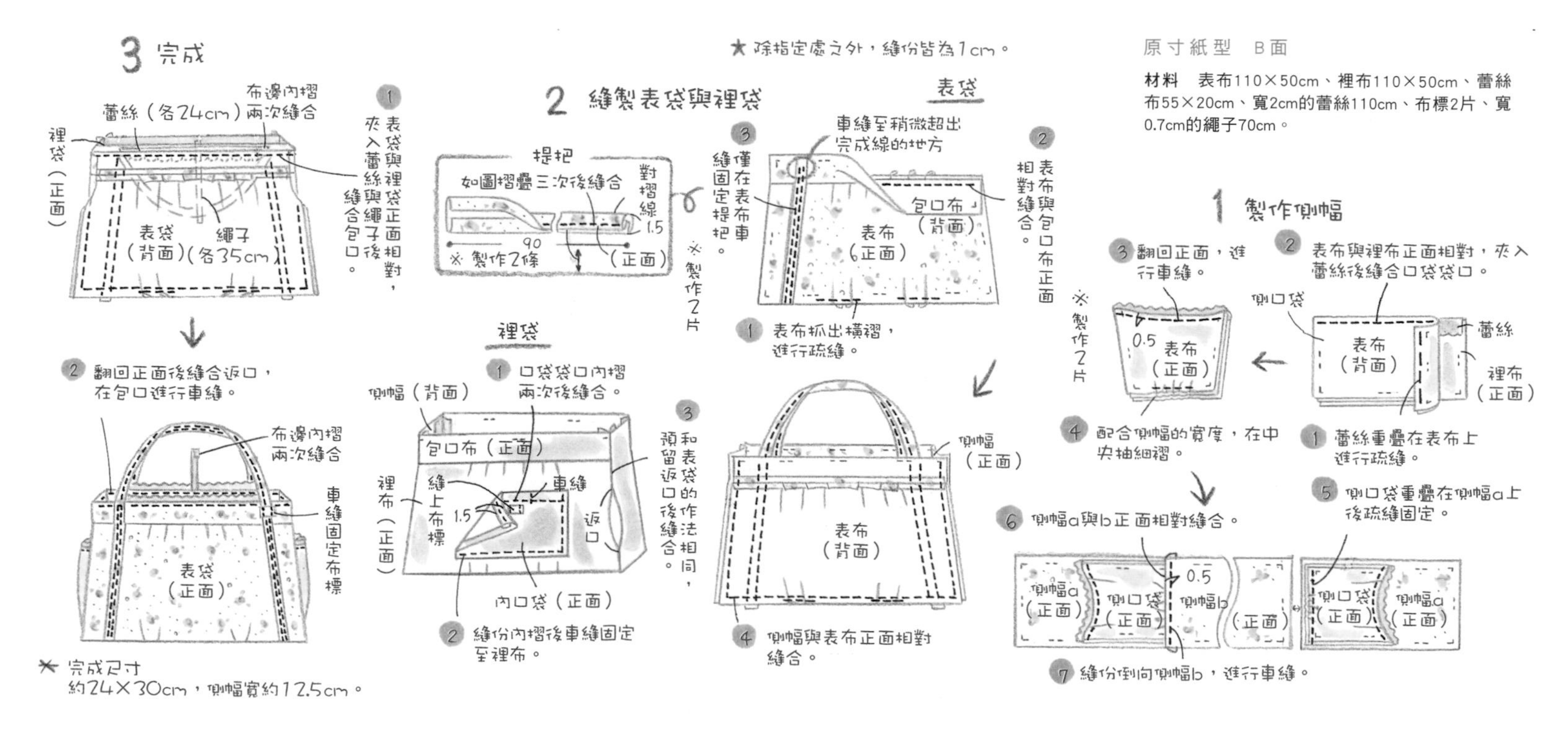

★除指定處之外，縫份皆為1cm。
1 製作側幅
表布
(背面)
側口袋
蕾絲
裡布
(正面)
1 蕾絲重疊在表布上進行疏縫。
2 表布與裡布正面相對，夾入蕾絲後縫合口袋袋口。
3 翻回正面，進行車縫。
0.5
表布
(正面)
※製作2片
4 配合側幅的寬度，在中央抽細褶。
5 側口袋重疊在側幅a上後疏縫固定。
6 側幅a與b正面相對縫合。
側幅a
(正面)
側口袋
(正面)
側幅b
(正面)
0.5
7 縫份倒向側幅b，進行車縫。
2 縫製表袋與裡袋
提把
如圖摺疊三次後縫合
對摺線
1.5
90
※製作2條
(正面)
表袋
車縫至稍微超出完成線的地方
縫僅在表布車固定提把。
表布
(背面)
包口布
(背面)
1 表布抓出橫褶，進行疏縫。
2 表布與包口布正面相對縫合。
※製作2片
側幅
(正面)
表布
(背面)
4 側幅與表布正面相對縫合。
裡袋
側幅(背面)
1 口袋袋口內摺兩次後縫合。
包口布(正面)
裡布(正面)
縫上布標
1.5
車縫
返口
內口袋(正面)
2 縫份內摺後車縫固定至裡布。
3 和表袋的作法相同，預留返口後縫合。
3 完成
蕾絲(各24cm)
布邊內摺兩次縫合
裡袋(正面)
表袋
(背面)
繩子
(各35cm)
1 表袋與裡袋正面相對，夾入蕾絲與繩子後縫合包口。
2 翻回正面後縫合返口，在包口進行車縫。
布邊內摺兩次縫合
車縫固定布標
表袋
(正面)
★完成尺寸
約24×30cm，側幅寬約12.5cm。

皮革提把顯得高貴又典雅

自然風橫長托特包

埼玉縣／鈴木朱美

這是一款無使用場合限制的簡潔橫長形設計包。包口的蕾絲也統一使用黑色，使整體看起來很雅緻。點綴在右下方的蕾絲讓包包更吸睛。

裡布使用格紋布，緩和了整個提包給人的深沉印象。以紫色麻繩來縫製皮革提把，也是裝飾的重點。

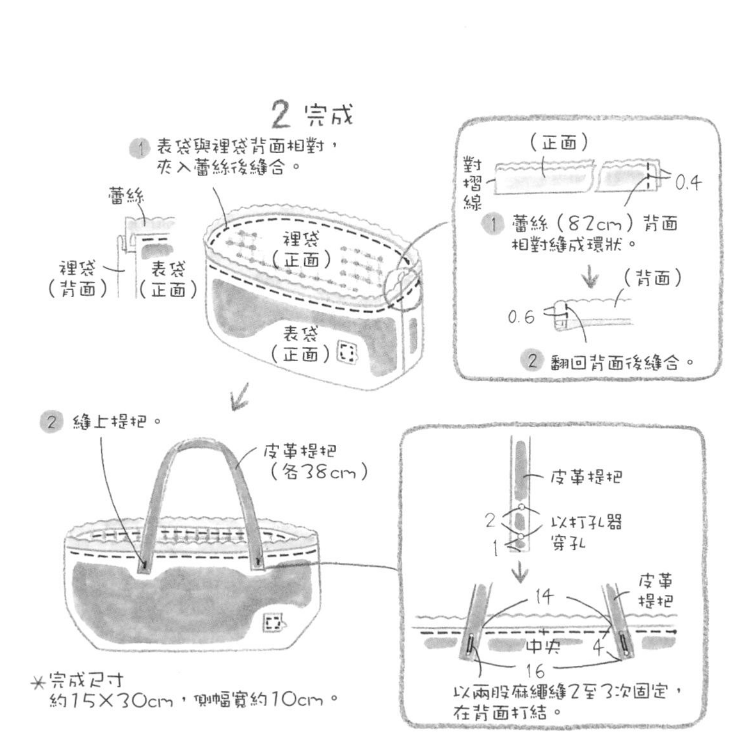
2 完成
① 表袋與裡袋背面相對，夾入蕾絲後縫合。
蕾絲
裡袋（背面）
表袋（正面）
裡袋（正面）
表袋（正面）
（正面）
對摺線
0.4
① 蕾絲（82cm）背面相對縫成環狀。
（背面）
0.6
② 翻回背面後縫合。
② 縫上提把。
皮革提把（各38cm）
皮革提把
2
以打孔器穿孔
1
皮革提把
14
中央
4
16
以兩股麻繩縫2至3次固定，在背面打結。
＊完成尺寸 約15×30cm，側幅寬約10cm。

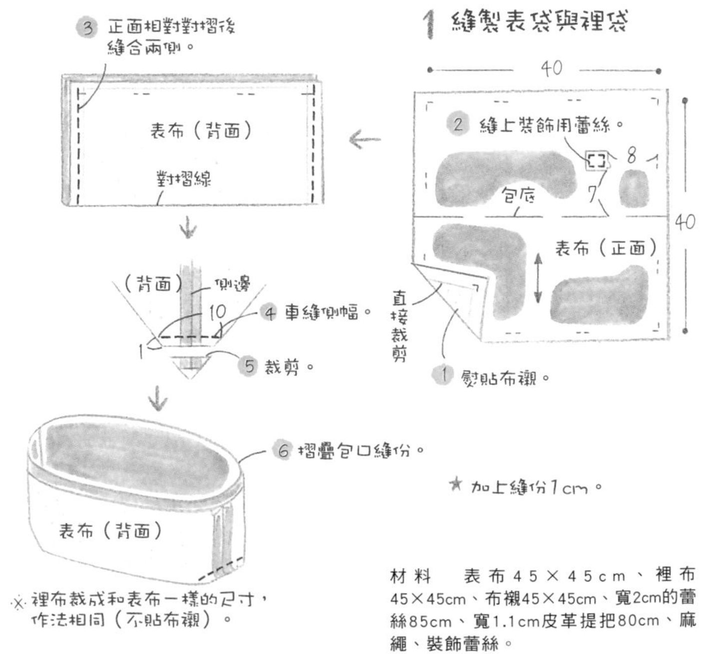
③ 正面相對對摺後縫合兩側。
表布（背面）
對摺線
（背面）
側邊
10
④ 車縫側幅。
1
⑤ 裁剪。
⑥ 摺疊包口縫份。
表布（背面）
※裡布裁成和表布一樣的尺寸，作法相同（不貼布襯）。
1 縫製表袋與裡袋
40
② 縫上裝飾用蕾絲。
8
7
包底
40
表布（正面）
直接裁剪
① 燙貼布襯。
★加上縫份1cm。

材料　表布45×45cm、裡布45×45cm、布襯45×45cm、寬2cm的蕾絲85cm、寬1.1cm皮革提把80cm、麻繩、裝飾蕾絲。

獨特的圓形

野餐包

大阪府／西山真砂子

這是提把和包身一體成形，常用於戶外活動的包款。包身容量比目測的還要寬大，即使裝入很多行李也沒關係。提把如果以斜紋布處理，就能作得很漂亮。

包身容量比目測的還要寬大。

由於側幅夠寬，連便當盒、水壺都可以不必斜放地裝入。寬大的提把，提著時也很穩定。

原寸紙型　D面

材料　表布a 40×35cm、表布b 80×50cm、裡布前片c 50×40cm、裡布前片d 50×20cm、裡布後片．口袋100×40cm、斜紋布50×50cm、布襯80×90cm。

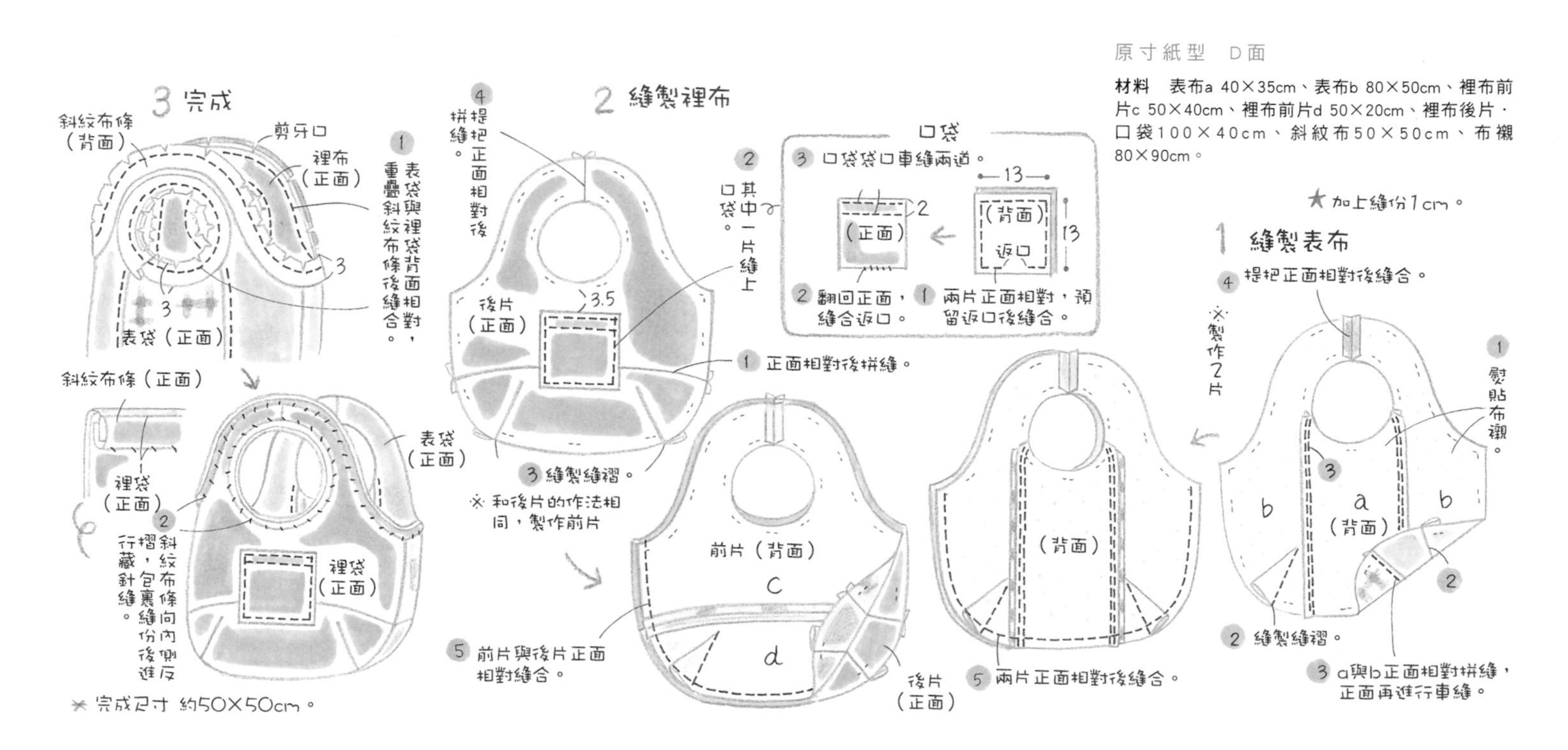

★加上縫份1cm。
1 縫製表布
1 熨貼布襯。
2 縫製縫褶。
3 a與b正面相對拼縫，正面再進行車縫。
4 提把正面相對後縫合。
※製作2片
a
b
(背面)
5 兩片正面相對後縫合。
2 縫製裡布
口袋
1 兩片正面相對，預留返口後縫合。
2 翻回正面，縫合返口。
3 口袋袋口車縫兩道。
13
2
(正面)
(背面)
返口
1 正面相對後拼縫。
2 其中一片縫上口袋。
3 縫製縫褶。
4 提把正面相對後拼縫。
※和後片的作法相同，製作前片
後片（正面）
3.5
前片（背面）
c
d
5 前片與後片正面相對縫合。
3 完成
斜紋布條（背面）
剪牙口
裡布（正面）
1 表袋與裡袋背面相對重疊斜紋布條後縫合。
表袋（正面）
斜紋布條（正面）
裡袋（正面）
2 斜紋布條向內側摺，包裹縫份後進行藏針縫。
＊完成尺寸 約50×50cm。

原寸紙型　C面

材料　表布　手巾1片、側幅表布20×80cm、裡布40×80cm、棉襯40×80cm、寬3cm斜紋布條75cm、直徑2cm包釦1個、寬0.4cm皮革帶24cm、刺子繡線

★除指定處之外，縫份皆為1cm。

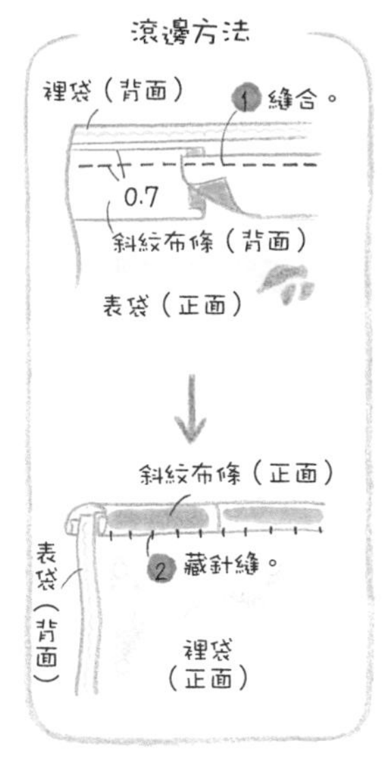
滾邊方法
裡袋（背面）
1 縫合。
0.7
斜紋布條（背面）
表袋（正面）
斜紋布條（正面）
表袋（背面）
2 藏針縫。
裡袋（正面）

2 完成

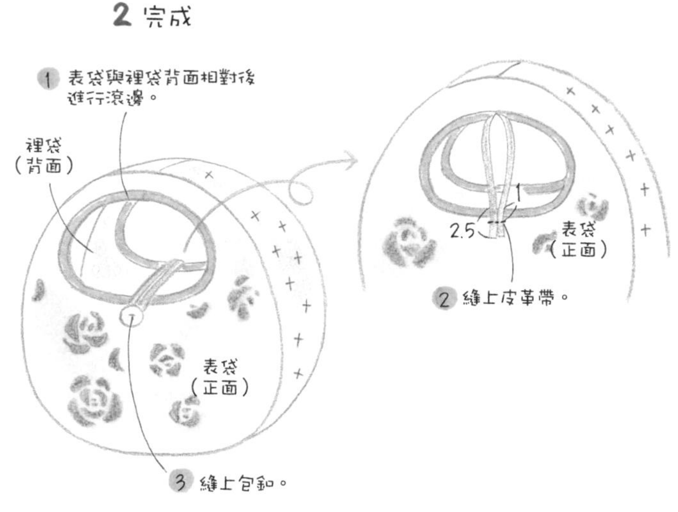
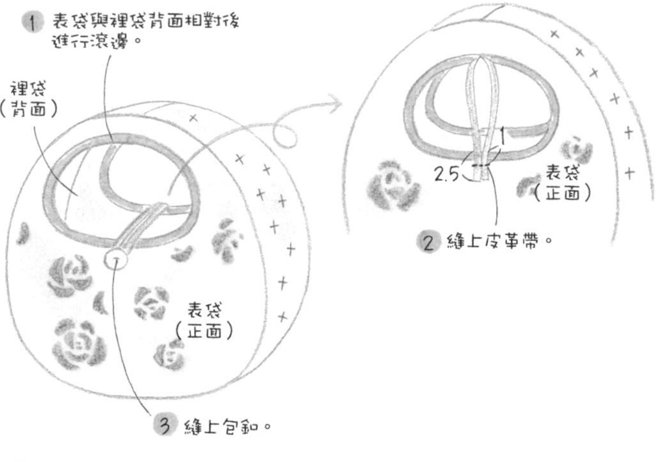
1 表袋與裡袋背面相對後進行滾邊。
裡袋（背面）
表袋（正面）
3 縫上包釦。
1
2.5
表袋（正面）
2 縫上皮革帶。

✳完成尺寸
約23×21cm，側幅寬約12cm。

1 縫製表袋與裡袋

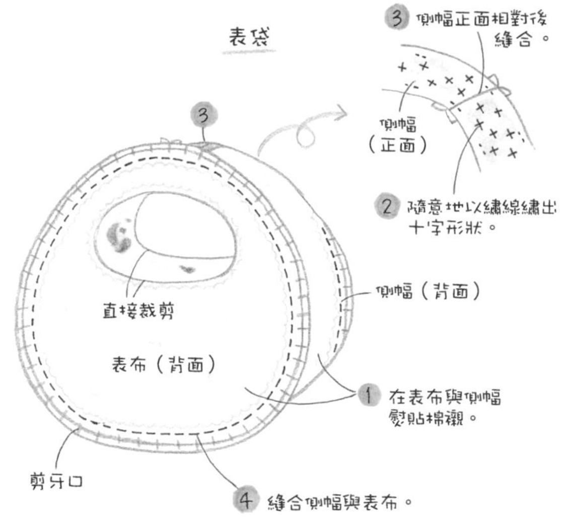
表袋
3
3 側幅正面相對後縫合。
側幅（正面）
2 隨意地以繡線繡出十字形狀。
側幅（背面）
直接裁剪
表布（背面）
1 在表布與側幅燙貼棉襯。
剪牙口
4 縫合側幅與表布。

※裡袋的作法相同（不貼棉襯）

享受手巾圖案的設計樂趣

圓提包

長野縣／西館惠美

使用玫瑰圖案的手巾，作成提籃式的包款。為了融入和風素材，側幅上隨性加入十字刺子繡。包口四周使用棕色的滾邊，使包包整體的調性更協調。

✳　裝飾重點　✳

繡上十字形狀的刺子繡

為使包底與側幅一體化，將縫合處作在提把的頂端。而十字紋是以兩股刺子繡線刺繡而成的。

以飾花提升質感的

單提把包

宮城縣／鈴木花奈子

只要將兩片布正面相對縫合，就能簡單完成的單提把包款。由於可以雙面使用，所以胸花也是可拆式的。

＊ 裝飾重點 ＊

以素色布改變氛圍

裡布使用色澤漂亮的素面水藍色布。袋子的尺寸相當玲瓏，放入兒童的玩具感覺更可愛。

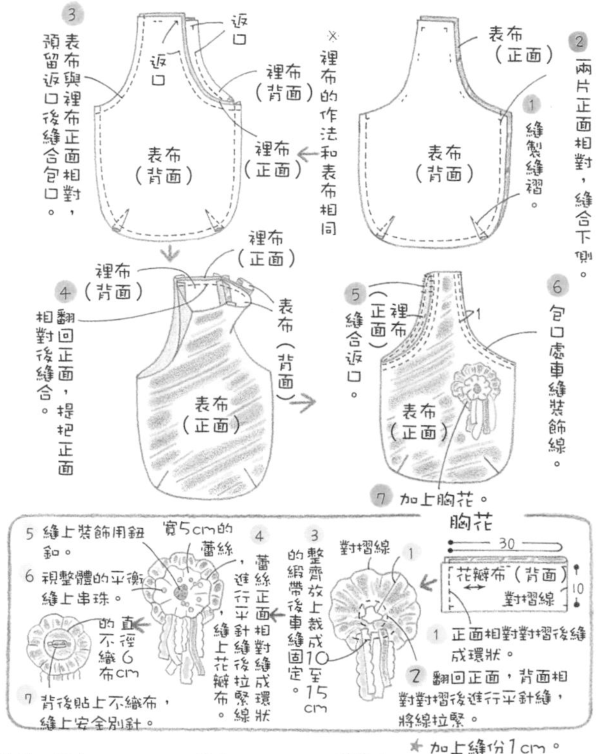

1 縫製縫褶。
2 兩片正面相對，縫合下側。
表布（正面）
表布（背面）
＊裡布的作法和表布相同
3 表布與裡布正面相對，預留返口後縫合包口。
返口
裡布（背面）
裡布（正面）
4 翻回正面，提把正面相對後縫合。
表布（背面）
5 縫合返口。
6 包口處車縫裝飾線。
7 加上胸花。
胸花
30
花瓣布（背面）
對摺線
10
1 正面相對對摺後縫成環狀。
2 翻回正面，背面相對對摺後進行平針縫，將線拉緊。
3 整齊放上裁成10至15cm的緞帶後車縫固定。
4 蕾絲正面相對進行平針縫後拉緊，縫上花瓣布。
寬5cm的蕾絲
5 縫上裝飾用鈕釦。
6 視整體的平衡縫上串珠。
直徑6cm的不織布
7 背後貼上不織布，縫上安全別針。

材料　表布65×50cm、裡布65×50cm、花瓣布15×35cm、寬5cm蕾絲30cm、9種緞帶、裝飾鈕釦1個、各種串珠、可貼式不織布、長3.5cm安全別針1個。

＊加上縫份1cm。
＊完成尺寸
約41×26cm。

原寸紙型　C面

趣味配色×圖案縫製出獨特風格的

手拿包

東京都／木村倫子

以綠色與紅色的手巾，組合成宛如西瓜，很適合在夏天攜帶的手拿包。釦帶的刺繡設計則帶點趣味性。

Open

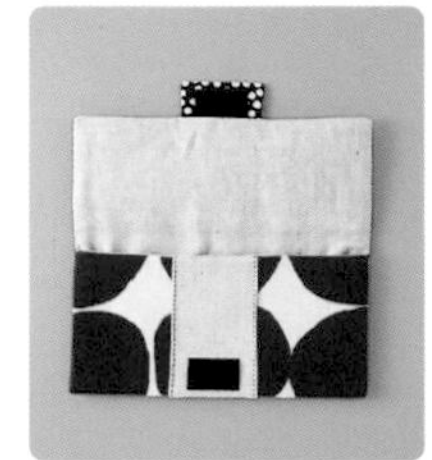

魔鬼氈開合的包口，方便拿取裡面的物品。在手巾之間加一塊帆布，作出區隔。

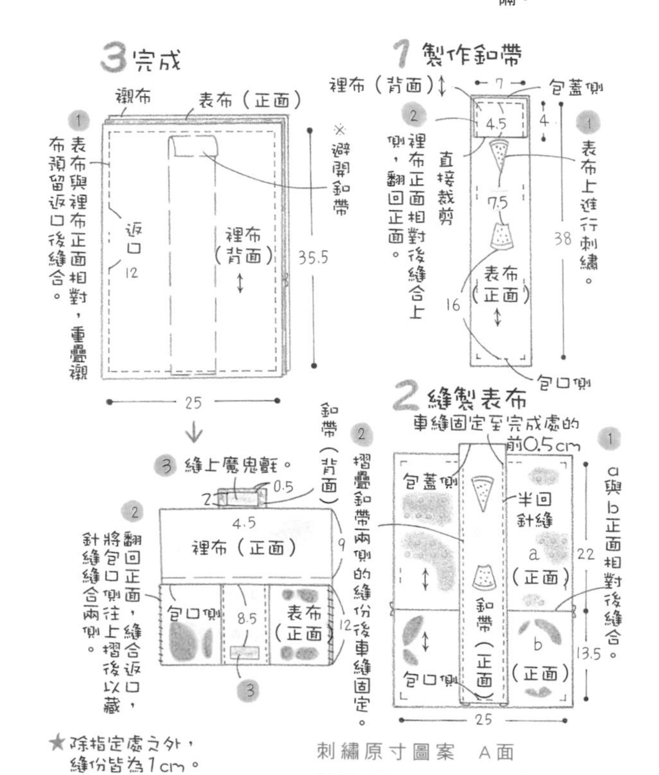

1 製作釦帶
裡布（背面）
7
包蓋側
4
4.5
7.5
38
16
表布（正面）
包口側
1 表布上進行刺繡。
2 裡布正面相對後縫合上側，直接裁剪，翻回正面。
2 縫製表布
車縫固定至完成處的前0.5cm
包蓋側
半回針縫
a（正面）
22
13.5
b（正面）
包口側
釦帶（正面）
25
1 a與b正面相對後縫合。
3 完成
襯布
表布（正面）
1 表布與裡布正面相對，重疊襯布，預留返口後縫合。
返口
12
裡布（背面）
35.5
＊避開釦帶
25
3 縫上魔鬼氈。
0.5
2
4.5
裡布（正面）
9
包口側
8.5
表布（正面）
12
2 將包口側往返縫合，翻回正面，縫上返口藏針縫。
2 摺疊釦帶兩側的縫份後車縫固定。
釦帶（背面）
＊除指定處之外，縫份皆為1cm。
刺繡原寸圖案　A面

材料　表布a 30×30cm、表布b 30×20cm、裡布、釦帶表布40×45cm、釦帶裡布10×10cm、襯布（帆布）30×40cm、寬4.5cm魔鬼氈1組、25號繡線。

＊完成尺寸
約14.5×25cm。

拼縫小塊零碼布

馬賽克拼布迷你提包

群馬縣／坂井增子

這款尺寸迷你的手提包，讓拿取物品變得很簡單。包身上的馬賽克圖案，是利用零碼布拼縫而成，乍看就像花朵般醒目顯眼。固定包口用的包釦，也是以同一塊布製作的喔！

原寸紙型　D面

材料　表布・提把40×30cm、拼布用布、裡布25×40cm、襯布50×20cm、棉襯50×20cm、布襯15×30cm、寬1cm蕾絲50cm、直徑0.3cm圓繩10cm、直徑1.5cm包釦1個。

★除指定處之外，縫份皆加0.7cm。

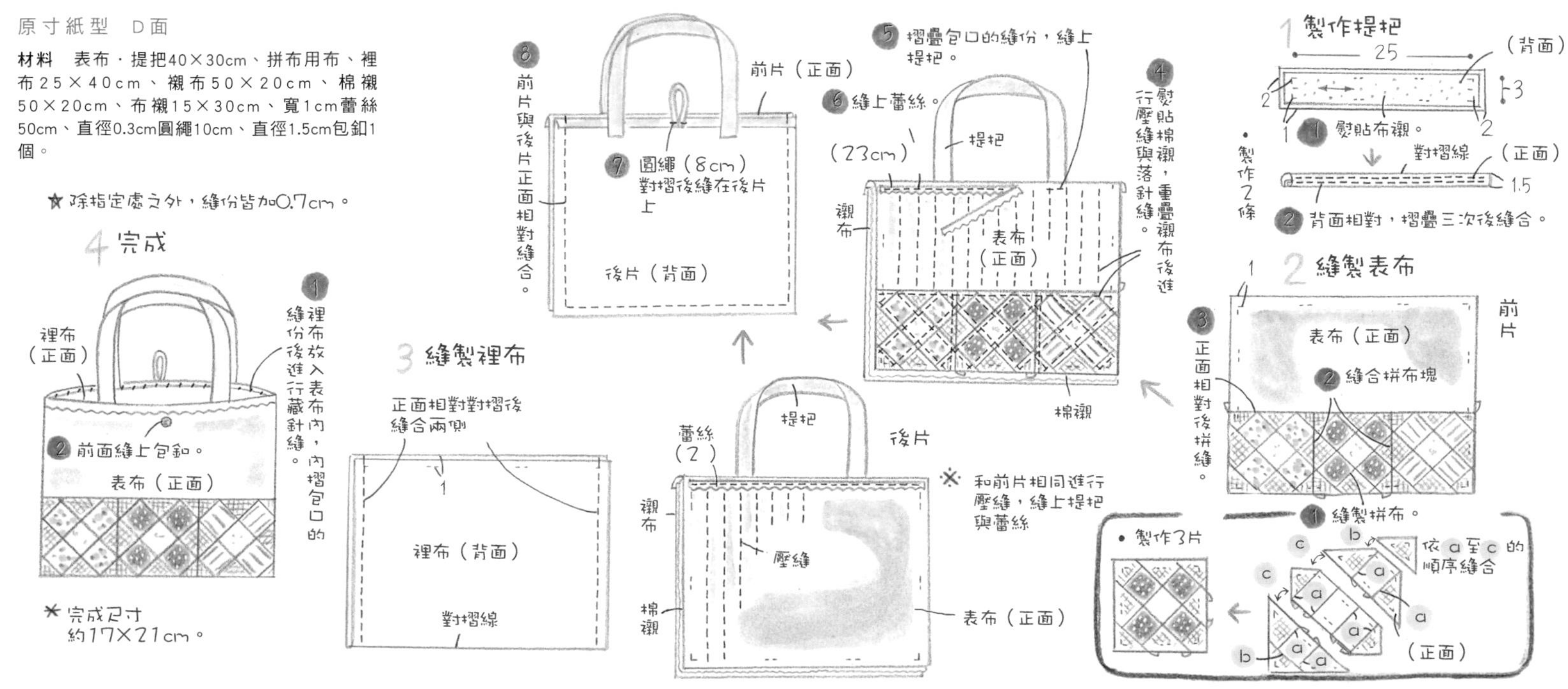

1 製作提把
25
(背面)
3
2
1
1 熨貼布襯。
2
對摺線
(正面)
1.5
製作2條
2 背面相對，摺疊三次後縫合。
2 縫製表布
1
前片
表布（正面）
2 縫合拼布塊
3 正面相對後拼縫。
1 縫製拼布。
・製作3片
依a至c的順序縫合
a
b
c
(正面)
4 行壓縫與落針縫。貼棉襯，重疊襯布後進
5 摺疊包口的縫份，縫上提把。
6 縫上蕾絲。
(23cm)
提把
襯布
表布（正面）
棉襯
後片
蕾絲（2）
※和前片相同進行壓縫，縫上提把與蕾絲
壓縫
表布（正面）
8 前片與後片正面相對縫合。
前片（正面）
7 圓繩（8cm）對摺後縫在後片上
後片（背面）
3 縫製裡布
正面相對對摺後縫合兩側
裡布（背面）
對摺線
4 完成
裡布（正面）
1 縫份後進行藏針縫。裡布放入表布內，內摺包口的
2 前面縫上包釦。
表布（正面）
＊完成尺寸 約17×21cm。

PART 3

使用率超高！
多用途機能包

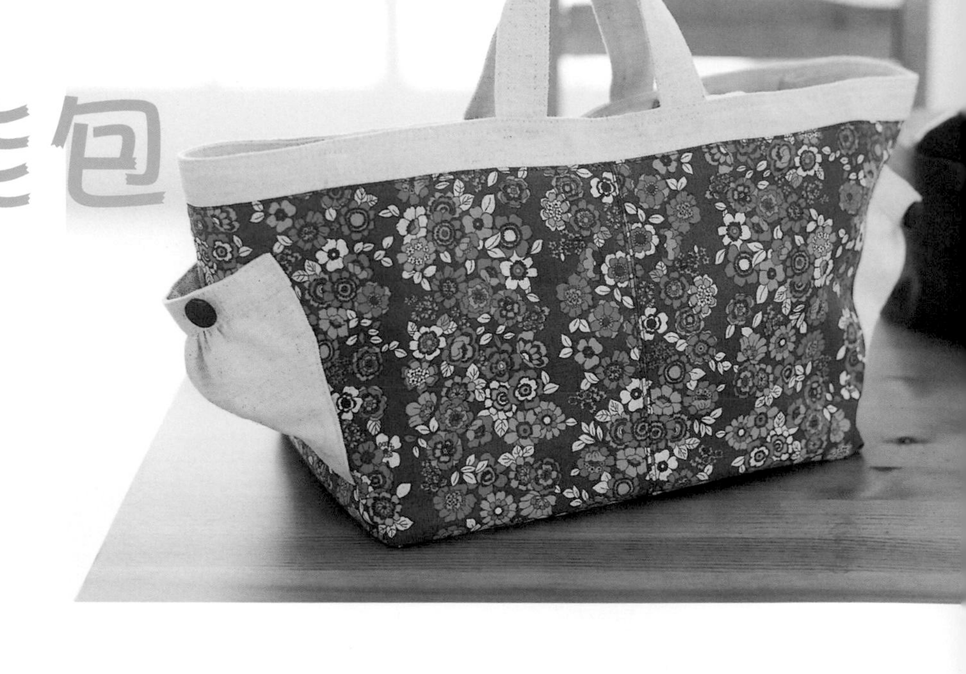

本單元蒐羅了適用各種不同場合，
方便又具機能性的包包。
這些包款不僅實用性高，
也很注重外觀的設計。
不論背到哪裡都肯定備受矚目！
製作一款適合自己，
還能充實生活風格的包包吧！

尺寸．形式都變化自如

四種用法的托特包

香川縣／吉本典子

這個旅行時方便攜帶、收納力也超強的提包，以沉穩的藍花布製成，相當時髦漂亮。由於附有兩種長度的提把，不論手提或肩背都可以。

+ 提把長度的變化 +

長提把的長度正好可以側背在肩上。由於是以薄亞麻布製作的，用不到的提把可以毫無痕跡地收藏在包包裡

+ 外形的變化 +

分別在提包四邊安裝押釦只要將釦子扣起來，整個包包的尺寸立刻縮小很多。

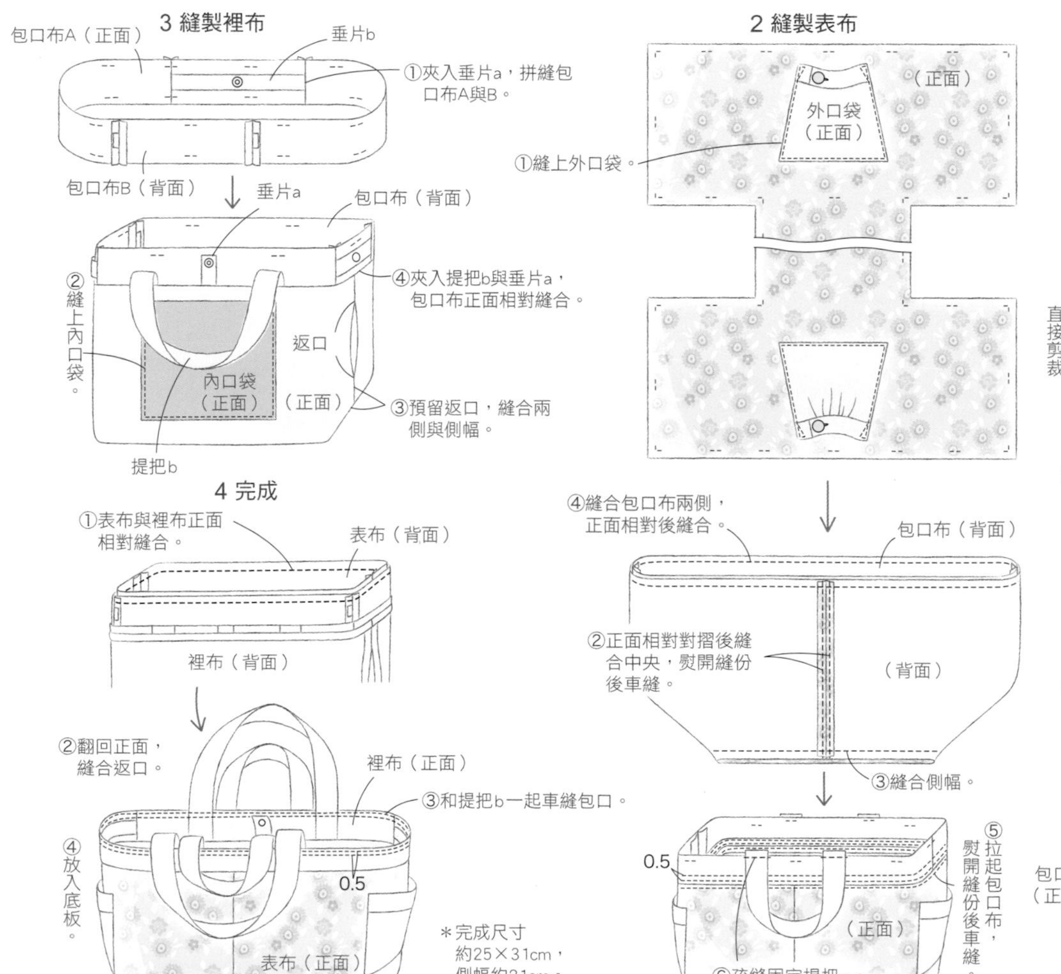

3 縫製裡布
包口布A（正面）
垂片b
①夾入垂片a，拼縫包口布A與B。
包口布B（背面）
垂片a
包口布（背面）
②縫上內口袋。
④夾入提把b與垂片a，包口布正面相對縫合。
返口
內口袋（正面）
（正面）
③預留返口，縫合兩側與側幅。
提把b
4 完成
①表布與裡布正面相對縫合。
表布（背面）
裡布（背面）
②翻回正面，縫合返口。
裡布（正面）
③和提把b一起車縫包口。
④放入底板。
0.5
表布（正面）
*完成尺寸
約25×31cm，
側幅約21cm。
2 縫製表布
（正面）
外口袋（正面）
①縫上外口袋。
④縫合包口布兩側，正面相對後縫合。
包口布（背面）
②正面相對對摺後縫合中央，熨開縫份後車縫。
（背面）
③縫合側幅。
0.5
⑤拉起包口布，熨開縫份後車縫。
（正面）
⑥疏縫固定提把a。

原寸紙型　D面

材料　表布60×80cm、包口表布．外口袋．提把．垂片寬110×70cm、裡布．包口裡布110×75cm、內口袋25×40cm、直徑1.8cm包釦2個、直徑1cm押釦2組、21×31cm的底板片。

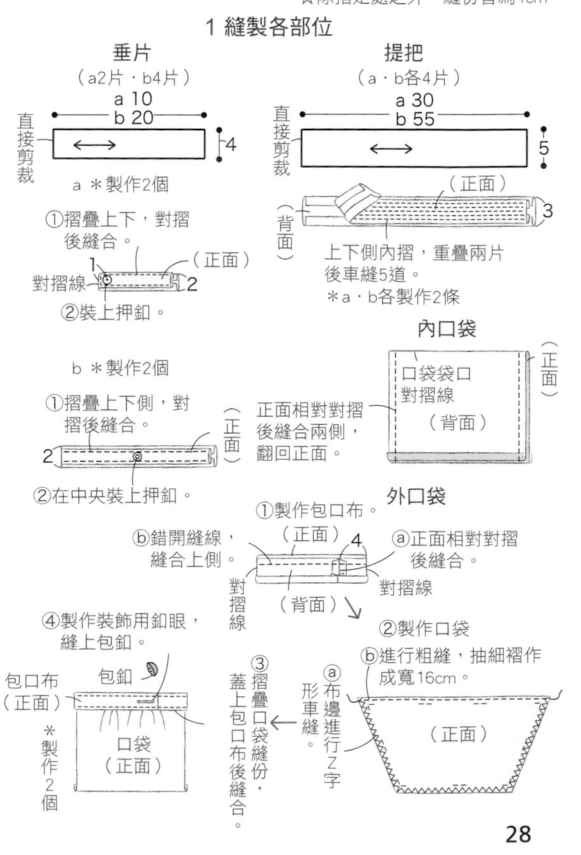

☆除指定處之外，縫份皆為1cm。
1 縫製各部位
垂片
（a2片．b4片）
a 10
b 20
直接剪裁
4
a *製作2個
①摺疊上下，對摺後縫合。
1
對摺線
2
（正面）
②裝上押釦。
b *製作2個
①摺疊上下側，對摺後縫合。
2
（正面）
②在中央裝上押釦。
提把
（a．b各4片）
a 30
b 55
直接剪裁
5
（正面）
3
（背面）
上下側內摺，重疊兩片後車縫5道。
*a．b各製作2條
內口袋
口袋袋口對摺線
（背面）
（正面）
正面相對對摺後縫合兩側，翻回正面。
外口袋
①製作包口布。
（正面）
4
ⓑ錯開縫線，縫合上側。
ⓐ正面相對對摺後縫合。
對摺線
（背面）
對摺線
②製作口袋
ⓑ進行粗縫，抽細摺作成寬16cm。
ⓐ布邊進行Z字形車縫。
（正面）
④製作裝飾用釦眼，縫上包釦。
包釦
包口布（正面）
口袋（正面）
*製作2個
③摺疊口袋縫份，蓋上包口布後縫合。

用途更廣

變形包款

兩側的布環藏著小祕密！

2way手提包

東京都／森泉明美

這款手提包是在簡單的素色布縫上亮眼的四角拼布口袋。由於口袋斜車在包身上，所以拿取東西很容易，這也是設計變化上的樂趣之一。包口的橫褶也讓整體造型更可愛！

加上長繩就變成肩背包

在兩側的布環穿上長的繩，一下子就變成方便行動的包款。非常適合搭配牛仔褲等輕鬆休閒的裝扮。

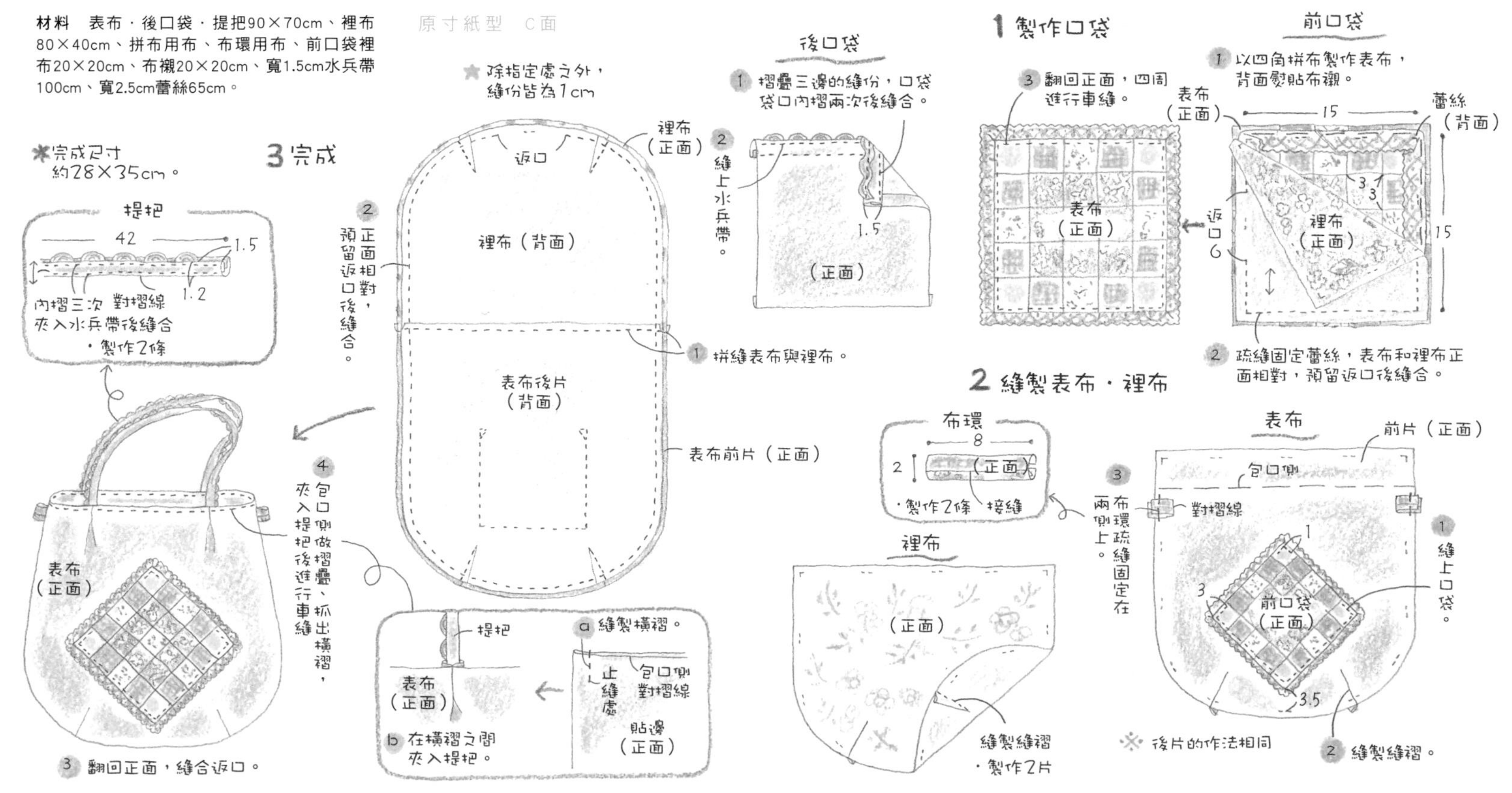

材料　表布・後口袋・提把90×70cm、裡布80×40cm、拼布用布、布環用布、前口袋裡布20×20cm、布襯20×20cm、寬1.5cm水兵帶100cm、寬2.5cm蕾絲65cm。

原寸紙型　C面

★除指定處之外，縫份皆為1cm
＊完成尺寸
約28×35cm。
3 完成
提把
42
1.5
1.2
內摺三次　對摺線
夾入水兵帶後縫合
・製作2條
表布
（正面）
3 翻回正面，縫合返口。
4 夾入提把後進行車縫。包口側做摺疊、抓出橫褶，
裡布（正面）
返口
2 正面相對，預留返口後縫合。
裡布（背面）
1 拼縫表布與裡布。
表布後片
（背面）
表布前片（正面）
提把
a 縫製橫褶。
止縫處
包口側
對摺線
貼邊
（正面）
b 在橫褶之間夾入提把。
後口袋
1 摺疊三邊的縫份，口袋袋口內摺兩次後縫合。
2 縫上水兵帶。
1.5
（正面）
1 製作口袋
3 翻回正面，四周進行車縫。
表布
（正面）
前口袋
1 以四角拼布製作表布，背面燙貼布襯。
表布
（正面）
15
蕾絲
（背面）
3
3
裡布
（正面）
返口
6
15
2 疏縫固定蕾絲，表布和裡布正面相對，預留返口後縫合。
2 縫製表布・裡布
布環
8
2
（正面）
・製作2條
接縫
裡布
（正面）
縫製縫褶
・製作2片
3 兩側疏縫固定在布環上。
表布
前片（正面）
包口側
對摺線
1 縫上口袋。
1
3
前口袋
（正面）
3.5
※後片的作法相同
2 縫製縫褶。

讓美味加分的
午餐袋

布×塑膠布，防水效果一流的

迷你午餐袋

神奈川縣／石川里美

這個有防水效果的午餐袋，是在一般布料疊上一層透明塑膠布縫製而成，即使便當的湯汁流出來也不必擔心。塑膠布料要鋪上描圖紙才會好車縫，若使用專用的壓布腳製作會更順利。

連保冷袋
也一應俱全

戶外烤肉也適合的

踏青野餐袋

廣島縣／中島恭子

必須攜帶許多食材的戶外活動或購物時的必備包款，非它莫屬。以帆布製作，所以很堅固耐用。令人眼前一亮的焦點，莫過於包身上的花布口袋和裝飾蕾絲。

＋側幅夠寬，收納量大＋

以押釦調整側幅寬度。裡布外口袋則可以放入小物。使用隔熱材質，因此保冷效果也很好。

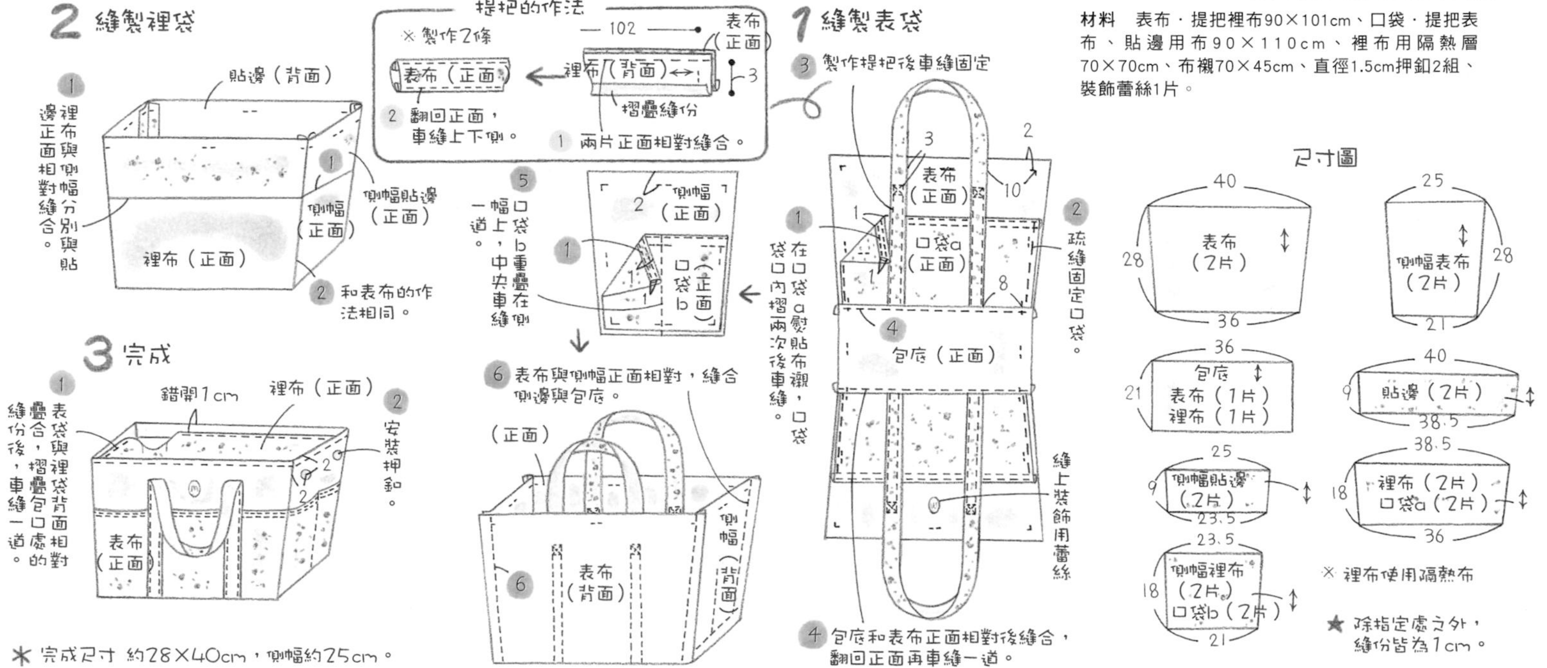

2 縫製裡袋
1 裡布與貼邊正面相對，分別與側幅縫合
貼邊（背面）
1 側幅貼邊（正面）
側幅（正面）
裡布（正面）
2 和表布的作法相同。
提把的作法
※製作2條
102
表布（正面）
3
裡布（背面）
摺疊縫份
1 兩片正面相對縫合。
2 翻回正面，車縫上下側。
1 縫製表袋
3 製作提把後車縫固定
表布（正面）
口袋a（正面）
10
2 疏縫固定口袋。
1 在口袋a貼布襯，口袋口內摺兩次後車縫。
4
包底（正面）
縫上裝飾用蕾絲
4 包底和表布正面相對後縫合，翻回正面再車縫一道。
5 口袋上b，中央車縫一道
側幅（正面）
口袋b（正面）
6 表布與側幅正面相對，縫合側邊與包底。
（正面）
表布（背面）
側幅（背面）
3 完成
1 表袋與裡袋背面相對，摺疊縫份後，車縫袋口處。
錯開1cm
裡布（正面）
2 安裝押釦。
表布（正面）
＊ 完成尺寸 約28×40cm，側幅約25cm。

踏青野餐包的作法

材料　表布・提把裡布90×101cm、口袋・提把表布、貼邊用布90×110cm、裡布用隔熱層70×70cm、布襯70×45cm、直徑1.5cm押釦2組、裝飾蕾絲1片。

尺寸圖
40
表布（2片）
28
36
25
側幅表布（2片）
28
21
36
包底
21
表布（1片）
裡布（1片）
40
9
貼邊（2片）
38.5
25
9
側幅貼邊（2片）
23.5
38.5
18
裡布（2片）
口袋a（2片）
36
23.5
18
側幅裡布（2片）
口袋b（2片）
21
※裡布使用隔熱布
★除指定處之外，縫份皆為1cm。

迷你午餐袋的作法

材料　表布35×55cm、聚乙烯布60×60cm、提把布10×30cm、直徑1cm暗釦1組。

★除指定處之外，縫份皆為1cm。

1 表布上重疊聚乙烯布。

2 正面相對對摺，縫合兩側。

3 4片一起Z字形車縫。

表布（正面）　聚乙烯布（正面）　29.5　2　6.5　13　18　49　（正面）　（背面）　對摺線

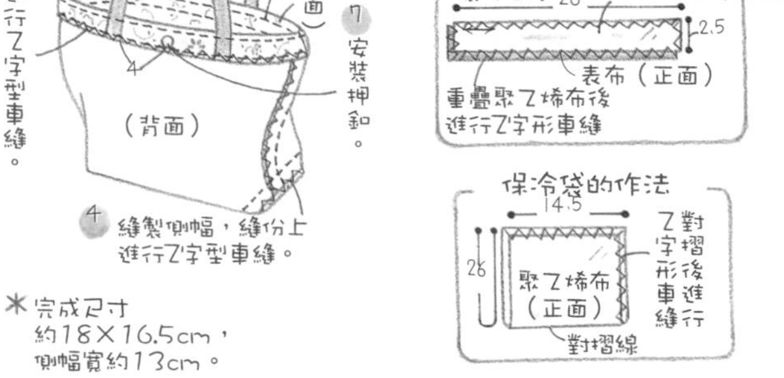

6 疏縫固定提把後摺疊包口的縫份，車縫兩道。
5 包口進行Z字型車縫。
0.5
（正面）
7 安裝押釦。
（背面）
4 縫製側幅，縫份上進行Z字型車縫。
提把的作法
※製作2條
26
聚乙烯布（正面）
2.5
表布（正面）
重疊聚乙烯布後進行Z字形車縫
保冷袋的作法
14.5
26
聚乙烯布（正面）
Z字形車縫後對摺進行
對摺線

＊完成尺寸
約18×16.5cm，
側幅寬約13cm。

提高保溫效果的束口袋款

甜美風提包

奈良縣／北谷敦子

這款外觀俏皮可愛的午餐包，在提升保溫效果的考量下，選用了溫暖的素材和束口袋造型。包身正面的褶襉裝飾是利用多餘的零碼布製作。只要在布塊中央縮縫，就可以輕鬆作出褶襉。

內側

裡布使用兼具保溫與防撞的刷毛布，也可以利用舊衣服的刷毛布製作。

甜美風提包的作法

材料　表布a70×25cm、表布b35×25cm、包口布70×20cm、提把20×35cm、裡布35×55cm、裝飾布3種、寬2cm蕾絲65cm、直徑0.6cm繩子1.6m、直徑1.6cm木珠2個。

★除指定處之外，縫份皆為1cm。

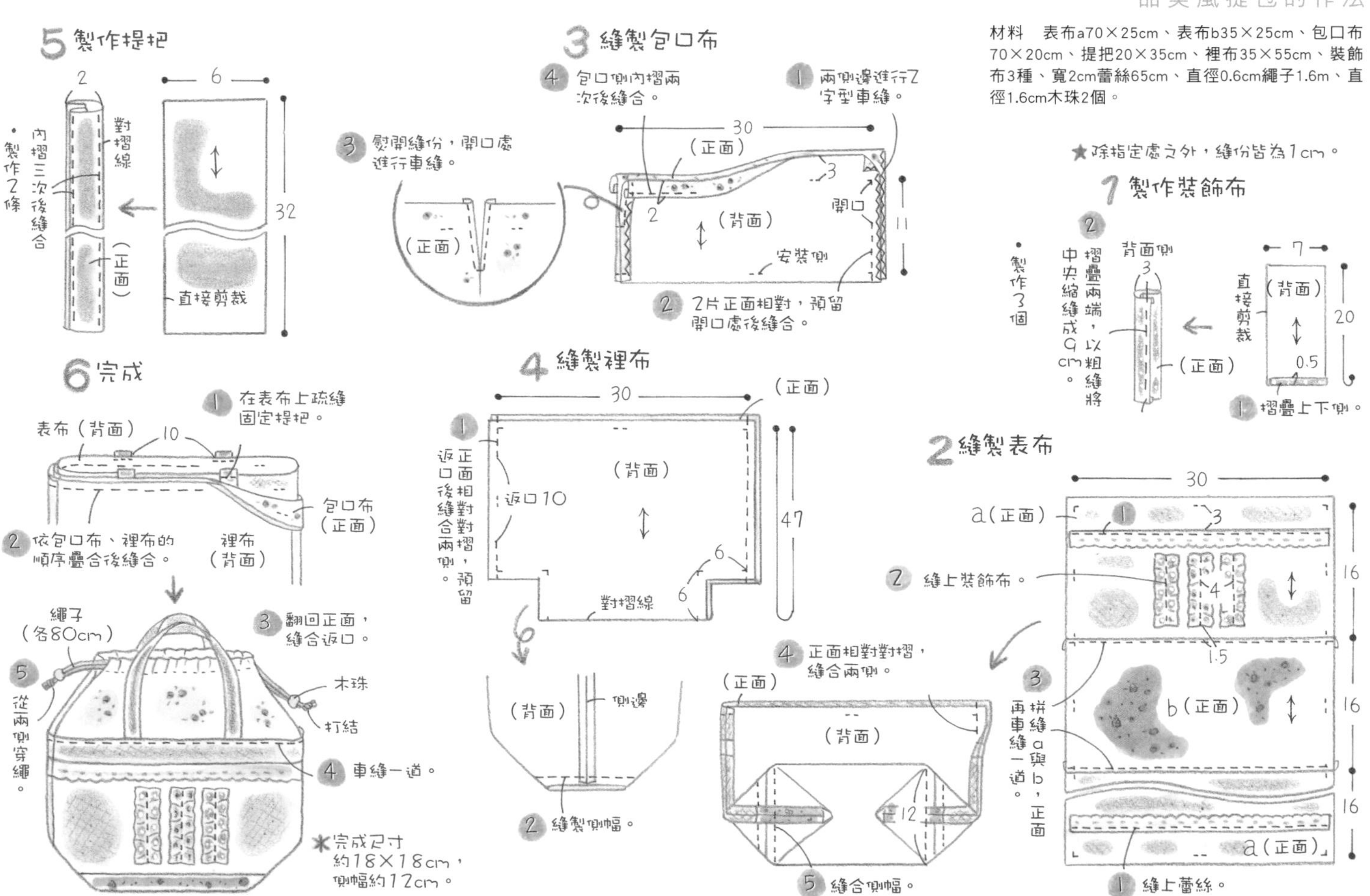

1 製作裝飾布
1 摺疊上下側。
2 摺疊兩端，以粗縫將中央縮縫成9cm。
製作3個
背面側
3
7
（背面）
直接剪裁
20
0.5
（正面）
2 縫製表布
30
a（正面）
1 縫上蕾絲。
2 縫上裝飾布。
3 拼縫a與b，正面車縫一道。
3
4
1.5
16
16
16
b（正面）
a（正面）
3 縫製包口布
1 兩側邊進行Z字型車縫。
2 2片正面相對，預留開口處後縫合。
3 燙開縫份，開口處進行車縫。
4 包口側內摺兩次後縫合。
30
（正面）
3
2
（背面）
開口
安裝側
11
（正面）
4 縫製裡布
1 正面相對對摺，預留返口後縫合兩側。
2 縫製側幅。
30
（正面）
（背面）
返口10
47
6
6
對摺線
（背面）
側邊
4 正面相對對摺，縫合兩側。
5 縫合側幅。
（正面）
（背面）
12
5 製作提把
2
6
對摺線
內摺三次後縫合
・製作2條
（正面）
直接剪裁
32
6 完成
1 在表布上疏縫固定提把。
2 依包口布、裡布的順序疊合後縫合。
3 翻回正面，縫合返口。
4 車縫一道。
5 從兩側穿繩。
表布（背面）
10
包口布（正面）
裡布（背面）
繩子（各80cm）
木珠
打結

＊完成尺寸
約18×18cm，
側幅約12cm。

行李增加時
可一分為二的

雙提袋

埼玉縣／小林薰

即使行李增加，只要取出內袋就變成兩個提袋了。此外，這種袋中袋的設計不但具隔間作用，也有助於整理行李。而內袋的小碎花圖案也十分引人注目。

不止容量大
購物袋

＋取出內袋就變成兩個提袋＋

藍色小碎花的美麗內袋是使用Liberty布料。將內袋側邊的繩子穿入外袋側邊的雞眼釦中打個結，就變成一個提袋了。

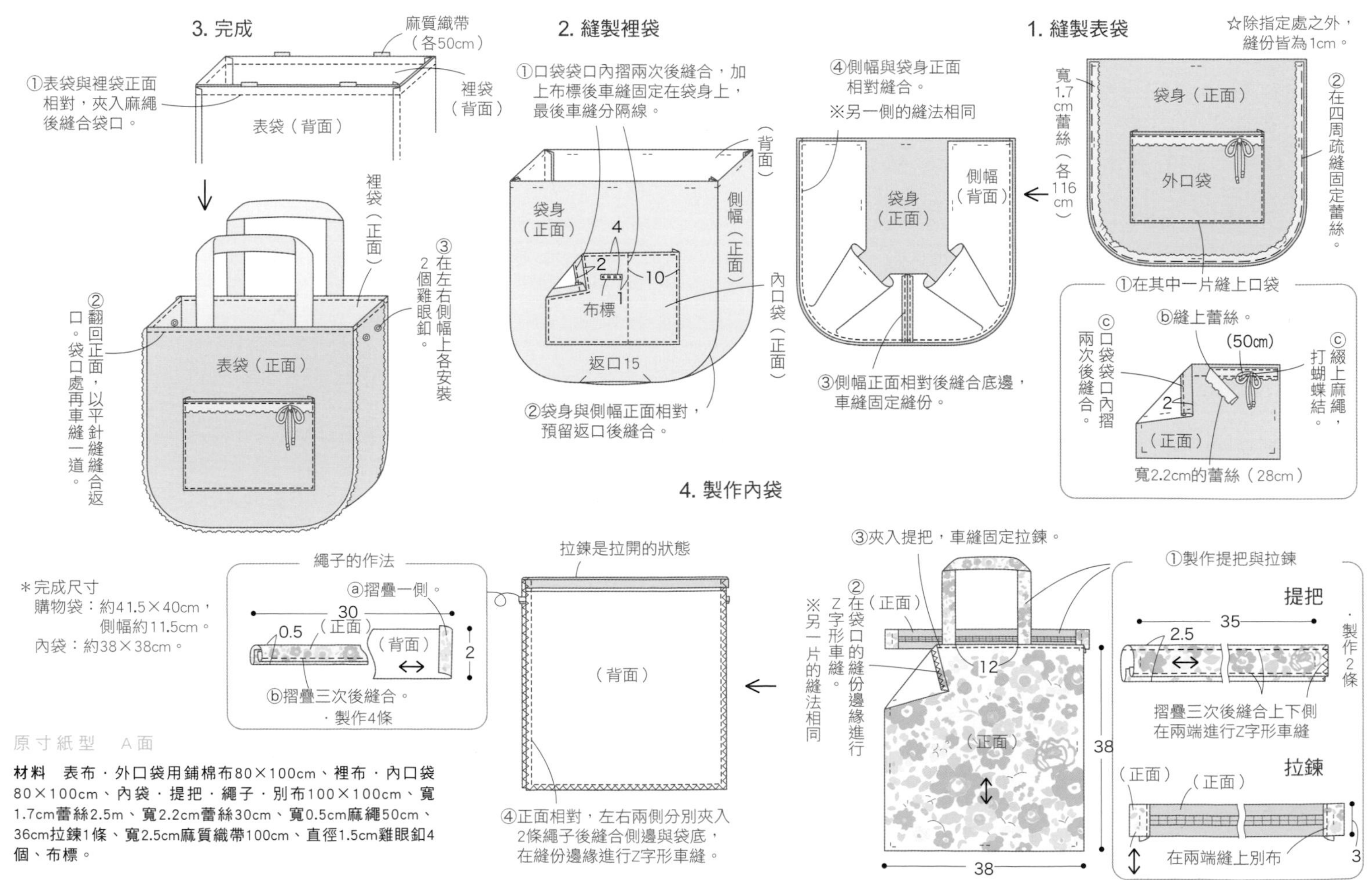
1. 縫製表袋
☆除指定處之外，縫份皆為1cm。
寬1.7cm蕾絲（各116cm）
袋身（正面）
外口袋
②在四周疏縫固定蕾絲。
①在其中一片縫上口袋
ⓑ縫上蕾絲。
(50cm)
ⓒ口袋袋口內摺兩次後縫合。
ⓒ綴上麻繩，打蝴蝶結。
2
（正面）
寬2.2cm的蕾絲（28cm）
2. 縫製裡袋
①口袋袋口內摺兩次後縫合，加上布標後車縫固定在袋身上，最後車縫分隔線。
袋身（正面）
4
2
1
10
布標
返口15
（背面）
側幅（正面）
內口袋（正面）
②袋身與側幅正面相對，預留返口後縫合。
④側幅與袋身正面相對縫合。
※另一側的縫法相同
袋身（正面）
側幅（背面）
③側幅正面相對後縫合底邊，車縫固定縫份。
3. 完成
麻質織帶（各50cm）
①表袋與裡袋正面相對，夾入麻繩後縫合袋口。
裡袋（背面）
表袋（背面）
裡袋（正面）
③在左右側幅上各安裝2個雞眼釦。
②翻回正面，以平針縫縫合返口。袋口處再車縫一道。
表袋（正面）
4. 製作內袋
繩子的作法
ⓐ摺疊一側。
30
0.5
（正面）
（背面）
2
ⓑ摺疊三次後縫合。
・製作4條
拉鍊是拉開的狀態
（背面）
④正面相對，左右兩側分別夾入2條繩子後縫合側邊與袋底，在縫份邊緣進行Z字形車縫。
③夾入提把，車縫固定拉鍊。
②在袋口的縫份邊緣進行Z字形車縫。
※另一片的縫法相同
（正面）
12
（正面）
38
38
①製作提把與拉鍊
提把
35
2.5
・製作2條
摺疊三次後縫合上下側
在兩端進行Z字形車縫
拉鍊
（正面）
（正面）
3
在兩端縫上別布

＊完成尺寸
購物袋：約41.5×40cm，側幅約11.5cm。
內袋：約38×38cm。

原寸紙型　A面

材料　表布・外口袋用鋪棉布80×100cm、裡布・內口袋80×100cm、內袋・提把・繩子・別布100×100cm、寬1.7cm蕾絲2.5m、寬2.2cm蕾絲30cm、寬0.5cm麻繩50cm、36cm拉鍊1條、寬2.5cm麻質織帶100cm、直徑1.5cm雞眼釦4個、布標。

Restaurant
TWININGS

容易攜帶的
單提把型

提籃式提包

香川縣／久保佐和子

這是將現成的原色鋪棉布作成宛如編織花紋的別緻提籃包款。而寬幅蕾絲和花布滾邊將包包裝飾得更可愛動人。這個提包除了外出攜帶，當擺設放在家中的客廳、廚房也很適合。

+ 包口大，拿取更輕鬆 +

TWININGS

在提把加上一小塊皮革作裝飾。由於使用具緩衝作用的鋪棉布，所以可以放心地搬運器皿、玻璃瓶等。

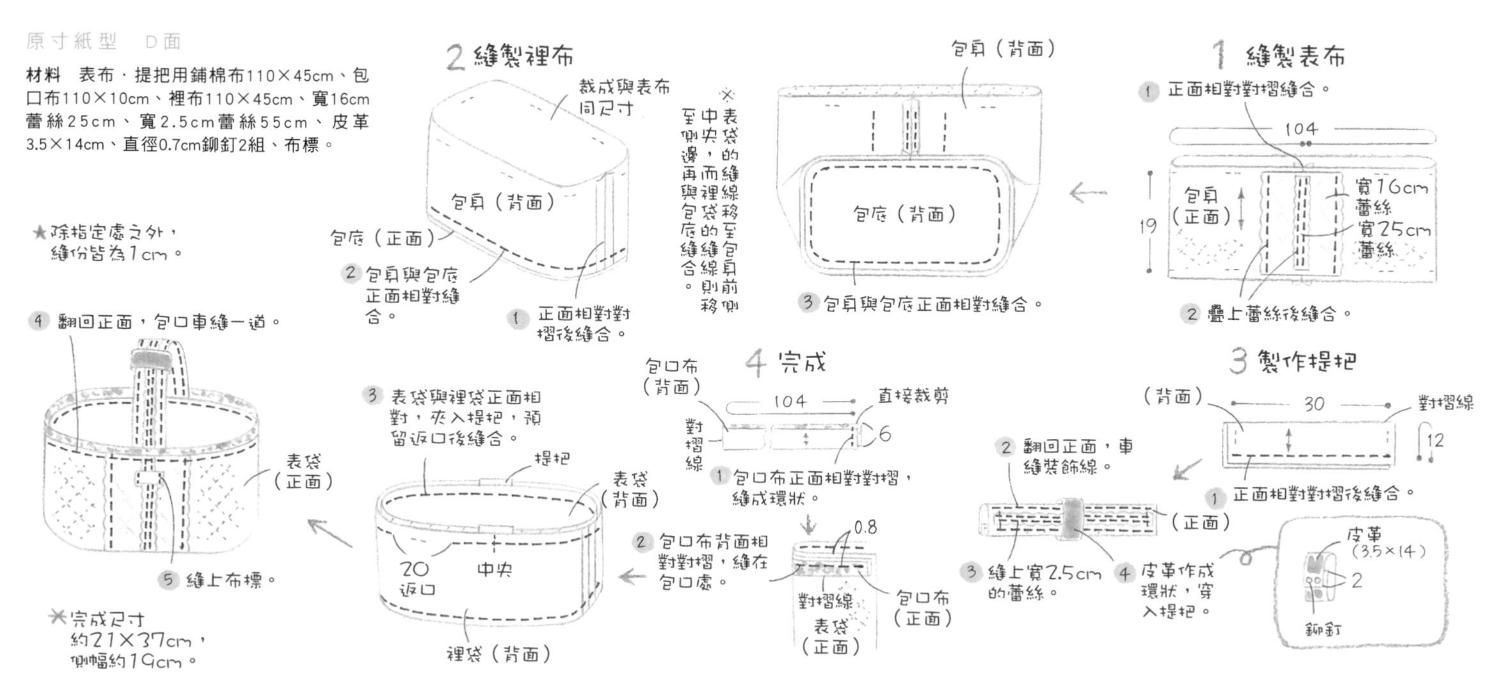
原寸紙型　D面
材料　表布・提把用鋪棉布110×45cm、包口布110×10cm、裡布110×45cm、寬16cm蕾絲25cm、寬2.5cm蕾絲55cm、皮革3.5×14cm、直徑0.7cm鉚釘2組、布標。
★除指定處之外，縫份皆為1cm。
1 縫製表布
1 正面相對對摺縫合。
104
19
包身（正面）
寬16cm蕾絲
寬25cm蕾絲
2 疊上蕾絲後縫合。
包身（背面）
包底（背面）
3 包身與包底正面相對縫合。
2 縫製裡布
裁成與表布同尺寸
※表袋的縫線移至包身前側中央，而裡袋的縫線則移至側邊再與包底縫合。
包身（背面）
包底（正面）
2 包身與包底正面相對縫合。
1 正面相對對摺後縫合。
3 製作提把
（背面）
30
對摺線
12
1 正面相對對摺後縫合。
2 翻回正面，車縫裝飾線。
（正面）
3 縫上寬2.5cm的蕾絲。
4 皮革作成環狀，穿入提把。
皮革（3.5×14）
2
鉚釘
4 完成
包口布（背面）
104
直接裁剪
對摺線
6
1 包口布正面相對對摺，縫成環狀。
0.8
對摺線
表袋（正面）
包口布（正面）
2 包口布背面相對對摺，縫在包口處。
3 表袋與裡袋正面相對，夾入提把，預留返口後縫合。
提把
表袋（背面）
20
返口
中央
裡袋（背面）
4 翻回正面，包口車縫一道。
表袋（正面）
5 縫上布標。
＊完成尺寸
約21×37cm，側幅約19cm。

＋變成扁包＋

不扣上釦子時就是大型提袋。摺疊之後也很方便攜帶。

＋以釦子調整尺寸＋

將安裝押釦的皮革上緣，修剪成圓潤的弧狀。

LA TERRE

以耐用的防水布製作

親子手提包

新潟縣／渡邊あや子

調整安裝在側邊的押釦，就可以享受三種用法的提包。由於使用防水性強的防潑水加工布料，即使是下雨天攜帶也沒關係。還可依不同的場合改變尺寸使用。

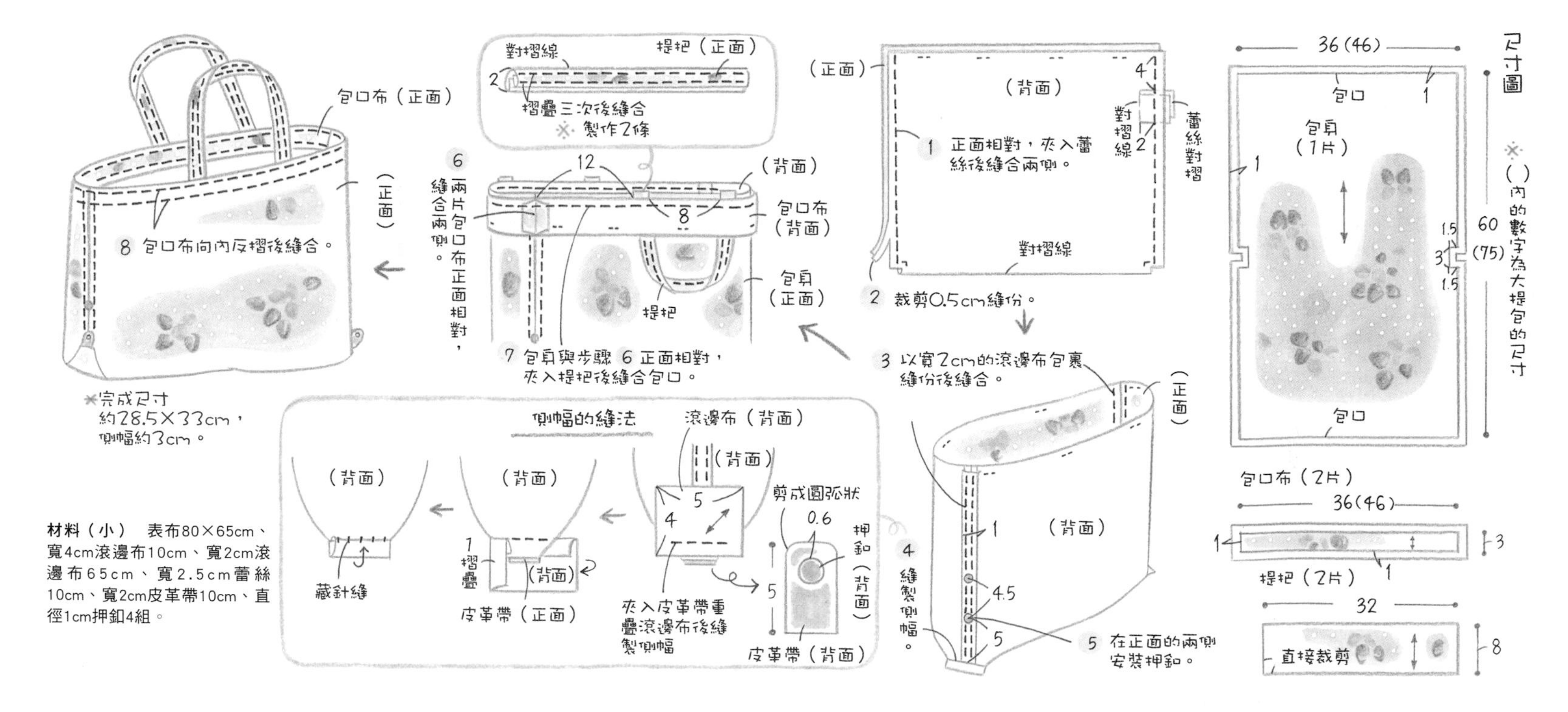
對摺線
提把（正面）
2
摺疊三次後縫合
※製作2條
6 兩片包口布正面相對，縫合兩側。
12
8
（背面）
包口布（背面）
包身（正面）
提把
7 包身與步驟6正面相對，夾入提把後縫合包口。
包口布（正面）
（正面）
8 包口布向內反摺後縫合。
＊完成尺寸
約28.5×33cm，
側幅約3cm。
（正面）
（背面）
4
對摺線
2
蕾絲對摺
1 正面相對，夾入蕾絲後縫合兩側。
對摺線
2 裁剪0.5cm縫份。
3 以寬2cm的滾邊布包裹縫份後縫合。
（正面）
（背面）
1
4.5
5
4 縫製側幅。
5 在正面的兩側安裝押釦。
側幅的縫法
滾邊布（背面）
（背面）
（背面）
（背面）
4
5
剪成圓弧狀
0.6
押釦（背面）
5
1 摺疊
（背面）
皮革帶（正面）
藏針縫
夾入皮革帶重疊滾邊布後縫製側幅
皮革帶（背面）
尺寸圖
※（ ）內的數字為大提包的尺寸
36（46）
包口
包身（1片）
1
1
60（75）
1.5
3
1.5
包口
包口布（2片）
36（46）
1
3
提把（2片）
1
32
直接裁剪
8

材料（小） 表布80×65cm、寬4cm滾邊布10cm、寬2cm滾邊布65cm、寬2.5cm蕾絲10cm、寬2cm皮革帶10cm、直徑1cm押釦4組。

將喜歡的花樣作成裝飾重點

貼布繡托特包

長崎縣／前田真里子

分別在尺寸不同的提包上以零碼布的圖案作成貼布繡。即使是同一塊布，不同部分的圖案依然會營造出不同的氣氛。清爽乾淨的條紋布更加突顯了繡縫的玫瑰圖案。

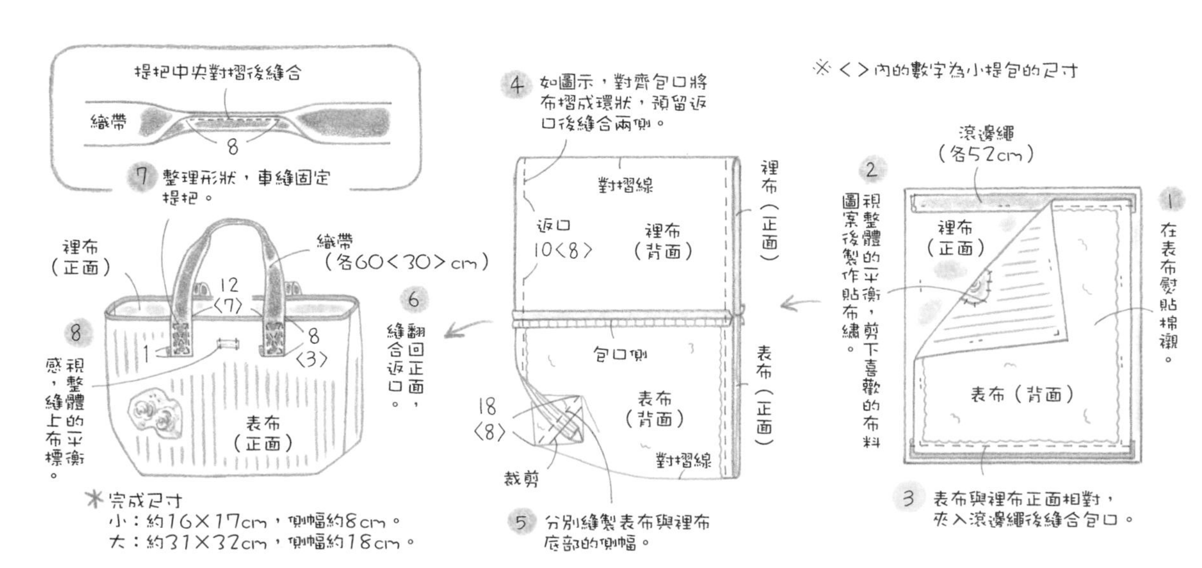

※＜＞內的數字為小提包的尺寸
提把中央對摺後縫合
織帶
8
7 整理形狀，車縫固定提把。
裡布（正面）
織帶（各60＜30＞cm）
12＜7＞
8＜3＞
1
表布（正面）
8 視整體的平衡縫上布標。
＊完成尺寸
小：約16×17cm，側幅約8cm。
大：約31×32cm，側幅約18cm。
4 如圖示，對齊包口將布摺成環狀，預留返口後縫合兩側。
對摺線
返口10＜8＞
裡布（背面）
裡布（正面）
包口側
表布（背面）
表布（正面）
18＜8＞
裁剪
對摺線
5 分別縫製表布與裡布底部的側幅。
6 翻回正面，縫合返口。
滾邊繩（各52cm）
2 視整體的平衡，剪下喜歡的布料圖案後製作貼布繡。
裡布（正面）
表布（背面）
1 在表布熨貼棉襯。
3 表布與裡布正面相對，夾入滾邊繩後縫合包口。

材料（大） 表布60×90cm、裡布用鋪棉布60×90cm、貼布繡用布、棉襯60×90cm、寬1.3cm滾邊繩110cm、寬3cm織帶120cm、布標。

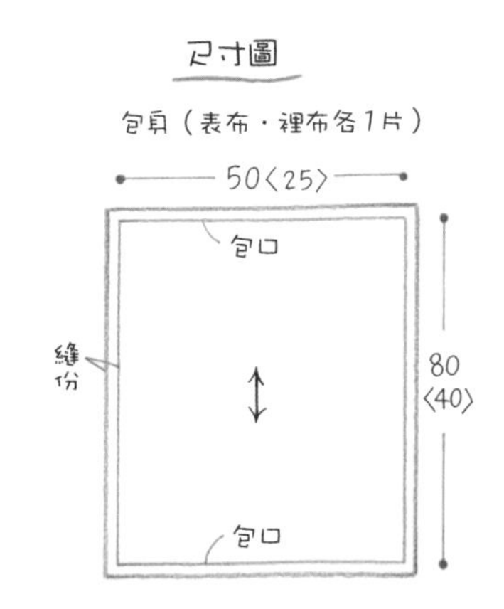

尺寸圖
包身（表布・裡布各1片）
50＜25＞
包口
縫份
80＜40＞
包口

外觀・素材相似的
小肩背包&提包

不論成人或小孩都可以使用

半圓手提包&小型肩背包

長崎縣／前田真里子

以同色系的Liberty布料製作，是不分年齡使用都具有質感的包包。同樣是半圓形，即使改變布的使用方式仍具有一致性。不論哪一個都是盡情發揮布料圖案特色的包款。

Back

只要提包正面與背面布料的拼接排列不同，就可依照當天的穿著打扮，選擇不同面來展現變化的樂趣。

小型肩背包

1 縫製包身表布・裡布

表布（正面） 包口

1 在表布背面燙貼棉襯。

表布（背面）

2 兩片正面相對，預留包口後縫合。

※裡布不貼棉襯，和表布的縫法相同

2 製作包蓋

表布（正面） 安裝側

裡布（背面）

1 在裡布背面燙貼棉襯。

2 表布與步驟1正面相對縫合，預留安裝側後縫合，翻回正面。

3 完成

1 包身表布與裡布背面相對，後側夾入包蓋，側邊夾入亞麻織帶後縫合包口。

包蓋裡布（正面） 表布（背面） 裡布（正面）

押釦（凸）

包蓋裡布（正面）

包蓋表布（正面）

3 安裝鈕釦。

亞麻織帶（100cm）

（凹）

包身表布（正面）

2 安裝押釦。

＊完成尺寸 約12.5×15cm。

＊加上1cm縫份。

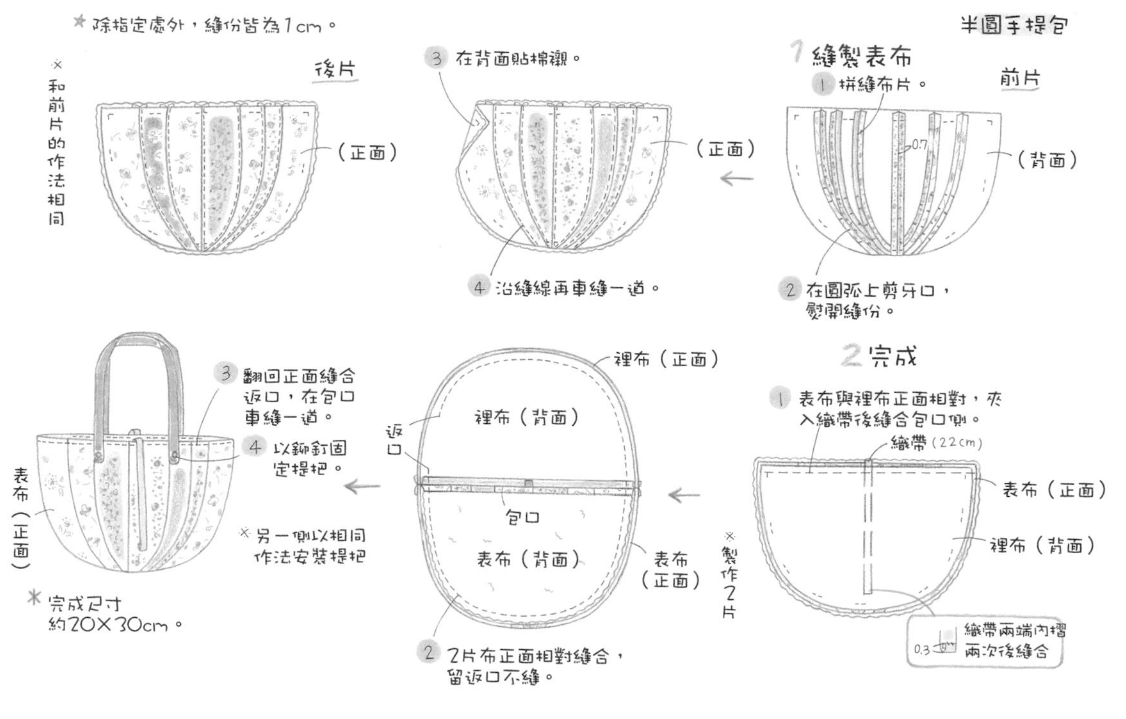

＊除指定處外，縫份皆為1cm。
半圓手提包
1 縫製表布
1 拼縫布片。
前片
0.7
（背面）
2 在圓弧上剪牙口，燙開縫份。
3 在背面貼棉襯。
（正面）
4 沿縫線再車縫一道。
後片
（正面）
※和前片的作法相同
2 完成
1 表布與裡布正面相對，夾入織帶後縫合包口側。
織帶（22cm）
表布（正面）
裡布（背面）
0.3
織帶兩端內摺兩次後縫合
※製作2片
裡布（正面）
裡布（背面）
返口
包口
表布（背面）
表布（正面）
2 2片布正面相對縫合，留返口不縫。
3 翻回正面縫合返口，在包口車縫一道。
4 以鉚釘固定提把。
※另一側以相同作法安裝提把
表布（正面）
＊完成尺寸 約20×30cm。

原寸紙型　C面

材料　小型肩背包：包身表布40×20cm、包蓋・包身裡布40×30cm、棉襯40×30cm、直徑1cm押釦1組、直徑1.2cm鈕釦1個、寬1cm亞麻織帶100cm。**半圓手提包**：拼布用布、裡布65×25cm、棉襯65×25cm、寬1cm織帶45cm、寬1cm×46cm皮革提把1組、直徑0.9cm鉚釘4組。

變換提把很順手

可彈性使用的手提包

兵庫縣／織田忍

這兩個提包可依用途而有兩種不同的用法。由於提把附鋅鉤，一般是當作手提包或小型肩背包，但拿掉提把後也可當迷你包使用。

TOUR EIFFEL
Muskatnuß
gemahlen
Needle and thread

換掉提把就變成小型肩背包

若換成長的皮革背帶，就成為可以斜背的肩背包。由於提把上附有鋅鉤，所以替換很簡單。內側縫製了口袋，就機能面來看也很充足。

材料（左） 表布a20×20cm、表布b25×30cm、裡布25×40cm、寬1.5cm蕾絲20cm、布標、寬12cm彈簧口金、長23cm附鋅鉤提把1條。

★加上1cm縫份。

16
3 裡布正面相對，縫合包口。
裡布（背面）
33
3
表布（正面）

2 縫上布標。
16
包口
3
表布a（正面）
11
1 拼縫a與b，縫上蕾絲。
表布b（正面）
22
包口

4 預留開口與返口，對齊包口，摺入表布，裡布的底部後縫合兩側。
底部對摺線
1.5
返口 5
裡布（背面）
裡布（正面）
包口
開口
開口
表布（背面）
表布（正面）
1.5
底部對摺線

6 置入裡袋，包口車縫一道。
裡袋（正面）
7 從開口處穿入彈簧口金，插入固定針。
5 翻回正面，縫合返口。
2
表布（正面）
8 在固定針穿入提把鋅鉤。

＊完成尺寸
約15×13cm，側幅3cm。

材料（右） 表布・口袋45×60cm、裡布25×60cm、布襯25×60cm、寬7cm蕾絲45cm、領片蕾絲、字母織帶、直徑2cm鈕釦1個、直徑1cm木珠3個、直徑0.5cm繩子25cm、直徑0.2cm綁繩35cm、長23cm・110cm附鋅鉤提把各1條。

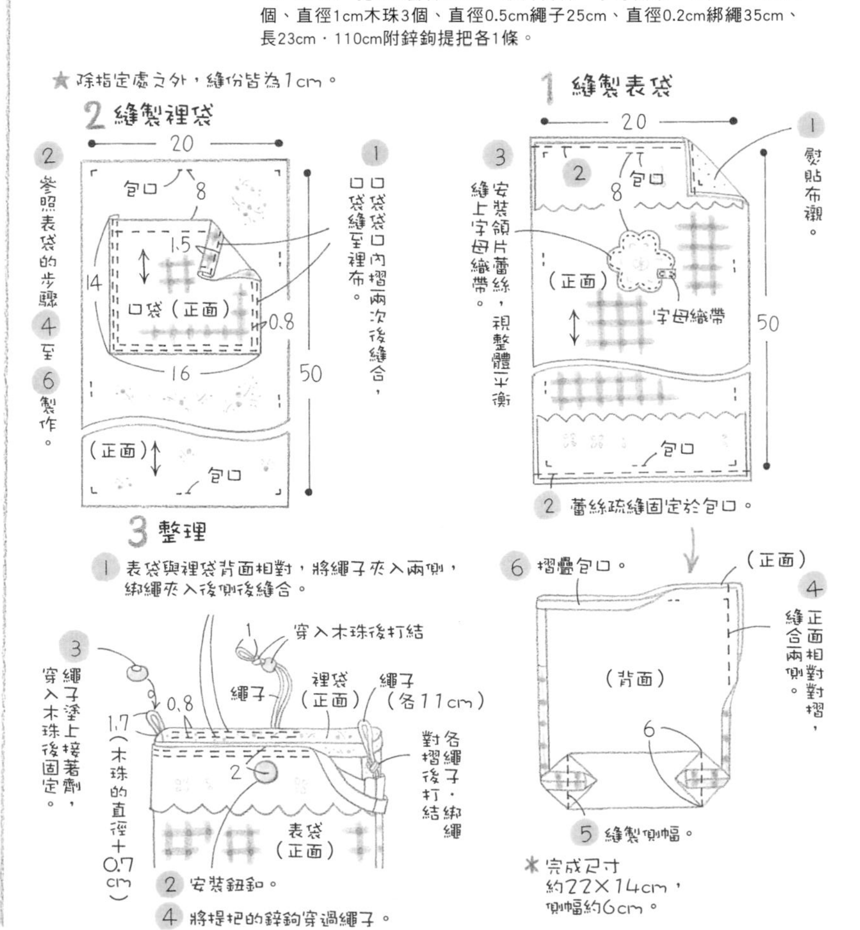

★除指定處之外，縫份皆為1cm。
2 縫製裡袋
20
包口
8
1.5
14
口袋（正面）
0.8
16
50
（正面）
包口
1 口袋袋口內摺兩次後縫合，口袋縫至裡布。
2 參照表袋的步驟4至6製作。
1 縫製表袋
20
1 熨貼布襯。
7
2
包口
8
3 安裝領片蕾絲，縫上字母織帶，視整體平衡
（正面）
字母織帶
50
包口
2 蕾絲疏縫固定於包口。
3 整理
1 表袋與裡袋背面相對，將繩子夾入兩側，綁繩夾入後側後縫合。
1 穿入木珠後打結
3 繩子塗上接著劑，穿入木珠後固定。
繩子
裡袋（正面）
繩子（各11cm）
1.7（木珠的直徑＋0.7cm）
0.8
2
對摺繩子，各打結綁繩
表袋（正面）
2 安裝鈕釦。
4 將提把的鋅鉤穿過繩子。
6 摺疊包口。
（正面）
4 正面相對，縫合兩側。
（背面）
6
5 縫製側幅。
＊完成尺寸
約22×14cm，側幅約6cm。

可以摺成很小

摺疊式提包

新潟縣／円山kumi

這款花樣繽紛的香草圖案提包，側幅作出可打上蝴蝶結的設計。由於包口很大，不論是拿取或放入東西都很輕鬆。因為可以摺疊，所以也可當作隨身攜帶的備用包來使用。

臨時要用很方便
可摺疊的包包

+ 以花色一致的束口袋收納小物 +

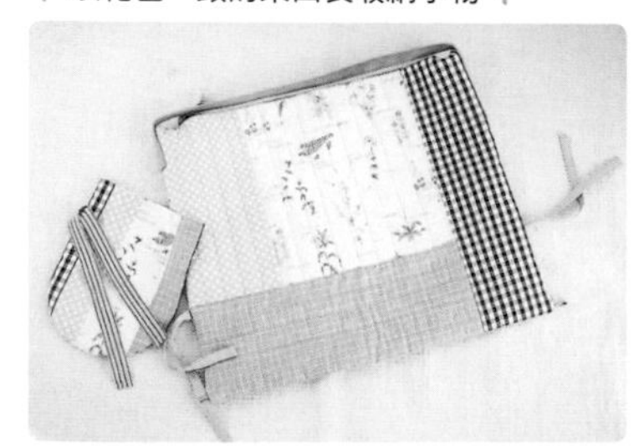

包包裡的小物收納就交給同樣花色的迷你束口袋吧！此外，由於將手提包的提把縮短了，所以摺疊起來的體積也不大。

原寸紙型 B面

材料（束口袋） 拼布用布、裡布50×25cm、寬2.5cm麻質織帶60cm。

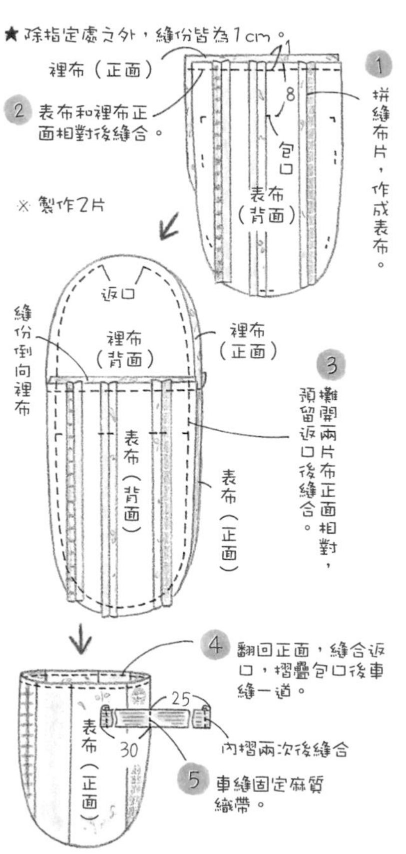

★除指定處之外，縫份皆為1cm。
裡布（正面）
1 拼縫布片，作成表布。
2 表布和裡布正面相對後縫合。
※製作2片
包口
表布（背面）
返口
縫份倒向裡布
裡布（背面）
裡布（正面）
3 預留返口後縫合。攤開兩片布正面相對，
表布（背面）
表布（正面）
4 翻回正面，縫合返口，摺疊包口後車縫一道。
內摺兩次後縫合
5 車縫固定麻質織帶。
表布（正面）
25
30
✱完成尺寸 約25×20cm。

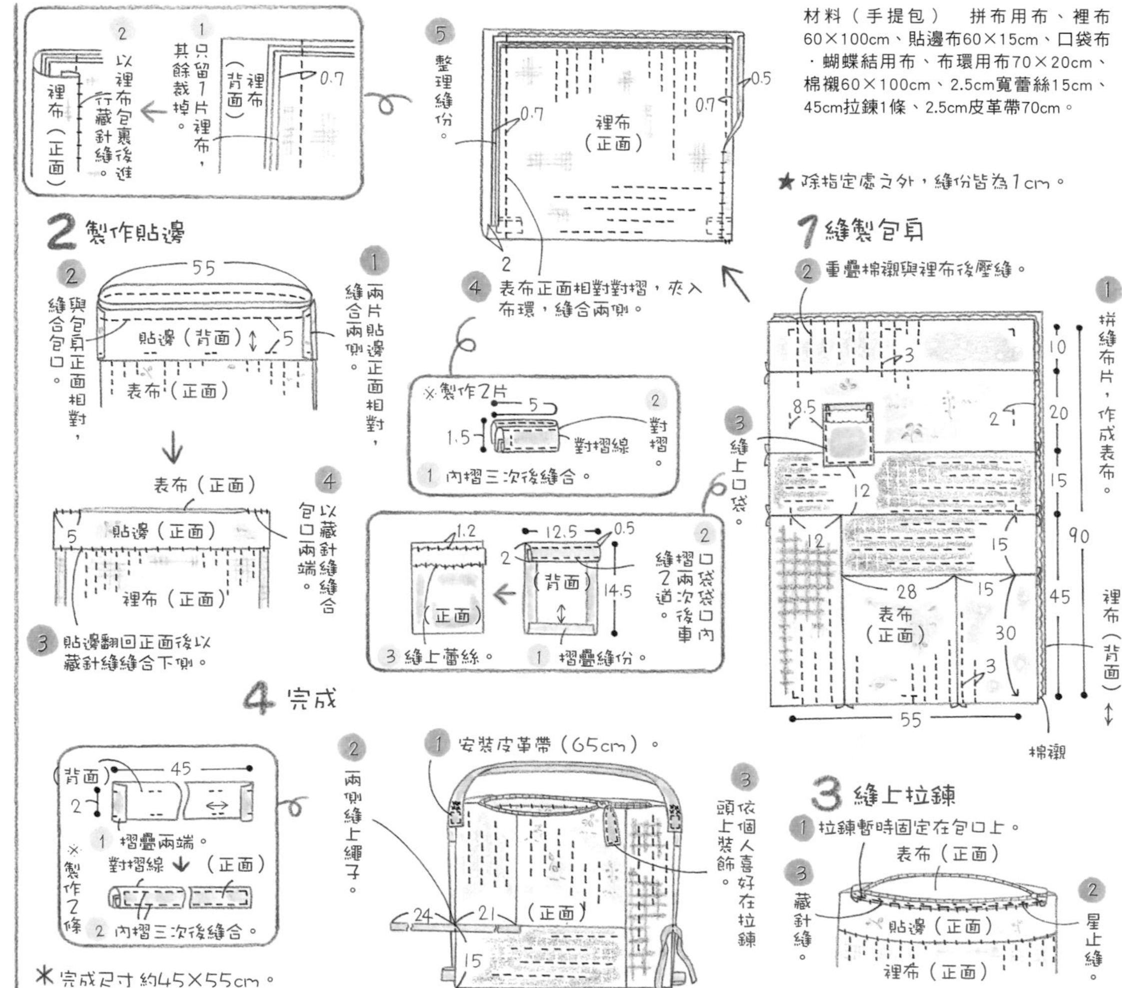

材料（手提包） 拼布用布、裡布60×100cm、貼邊布60×15cm、口袋布・蝴蝶結用布、布環用布70×20cm、棉襯60×100cm、2.5cm寬蕾絲15cm、45cm拉鍊1條、2.5cm皮革帶70cm。
★除指定處之外，縫份皆為1cm。
1 縫製包身
1 拼縫布片，作成表布。
2 重疊棉襯與裡布後壓縫。
3 縫上口袋
表布（正面）
裡布（背面）
棉襯
55
90
4 表布正面相對對摺，夾入布環，縫合兩側。
5 整理縫份。
裡布（正面）
1 只留1片裡布，其餘裁掉。
2 以裡布包裹後進行藏針縫。
裡布（正面）
2 製作貼邊
1 兩片貼邊正面相對，縫合兩側。
2 與包身正面相對，縫合包口。
貼邊（背面）
表布（正面）
55
3 貼邊翻回正面後以藏針縫縫合下側。
4 以藏針縫縫合包口兩端。
貼邊（正面）
裡布（正面）
6
※製作2片
1 內摺三次後縫合。
2 對摺
對摺線
口袋
1 摺疊縫份。
2 口袋袋口內摺2次後車縫兩道。
3 縫上蕾絲。
（背面）
（正面）
3 縫上拉鍊
1 拉鍊暫時固定在包口上。
2 星止縫。
3 藏針縫。
表布（正面）
貼邊（正面）
裡布（正面）
4 完成
1 安裝皮革帶（65cm）。
2 兩側縫上繩子。
3 依個人喜好在拉鍊頭上裝飾。
（背面）
1 摺疊兩端。
對摺線
（正面）
2 內摺三次後縫合。
※製作2條
45
✱完成尺寸 約45×55cm。

原寸紙型 C面

材料 表布・口袋b90×150cm、包身裡布・口袋a60×140cm、側幅裡布・滾邊布60×135cm、布襯50×25cm、寬1.2cm蕾絲90cm。

1 製作各口袋後縫上

包身

1 背面燙貼布襯。

2 縫合袋口，袋口內摺兩次後縫上蕾絲。

3 下側進行滾邊。

4 疊在包身上後縫合。

表布（正面）

蕾絲

1.2

口袋a（正面）

寬4cm滾邊布（正面）⊠

※製作2片

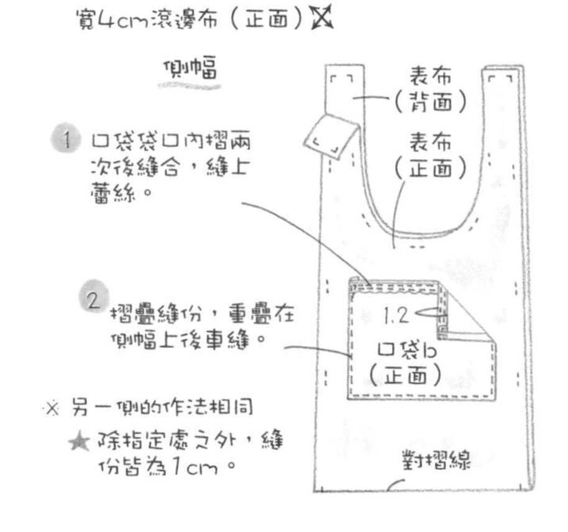

側幅
1 口袋袋口內摺兩次後縫合，縫上蕾絲。
2 摺疊縫份，重疊在側幅上後車縫。
表布（背面）
表布（正面）
1.2
口袋b（正面）
※另一側的作法相同
★除指定處之外，縫份皆為1cm。
對摺線

2 縫製表袋與裡袋

表布

1 包身與側幅正面相對縫合。

包身（正面）

側幅（背面）

剪牙口

※另一側的縫法相同

2 縫份倒向一側，正面車縫一道。

包身（背面）

側幅（正面）

※裡袋的縫法和表袋相同（不縫口袋）

3 完成

1 表袋與裡袋正面相對縫合，預留包口與側邊的返口後縫合。

返口

表袋（背面）

剪牙口

包口

裡袋（背面）

3 縫合返口。

2 翻回正面，提把正面相對縫合。

裡袋（正面）

表袋（背面）

表袋（正面）

4 進行包口與側邊車縫。

＊完成尺寸 約50×27cm，側幅約27cm。

正反面都
很有趣
雙面
手提包
MONIN

依心情變換的

西瓜包

廣島縣／中島恭子

這個充滿夏日氣息的購物包，似乎可以輕鬆放進一整顆西瓜。由於包包很大，因此在收放物品時，縫在外側的口袋就成了不可或缺的分類整理袋。

Back

翻過來使用，內側是不是就像個大西瓜呢！為了作出真實感，特別注重布料的選擇。

Cuddly
Natural life
Please feel warmth

+分隔放置，一目了然+

袋身內側，筆記用具與口紅在固定帶收納下井然有序。由於有考慮到錢包、筆等的收納功能，因此沒有任何浪費的空間。

Side

right

left

兩側的裝飾各有不同。此外，蕾絲、布標也具有補強袋口的功用。

Back

拉開袋身後側漂亮的蕾絲拉鍊，就是可放入卡片大小的口袋。一些常用的重要卡片都可放入這裡。

就這樣放入另一個手提袋中

11個口袋的袋中袋

埼玉縣／大澤薰

這個是方便換包包或整理袋內物品的袋中袋。口袋和穿口布以紫色系的布料作為裝飾重點。由於內外共有11個口袋夾層，十分便於各種小物的分類。

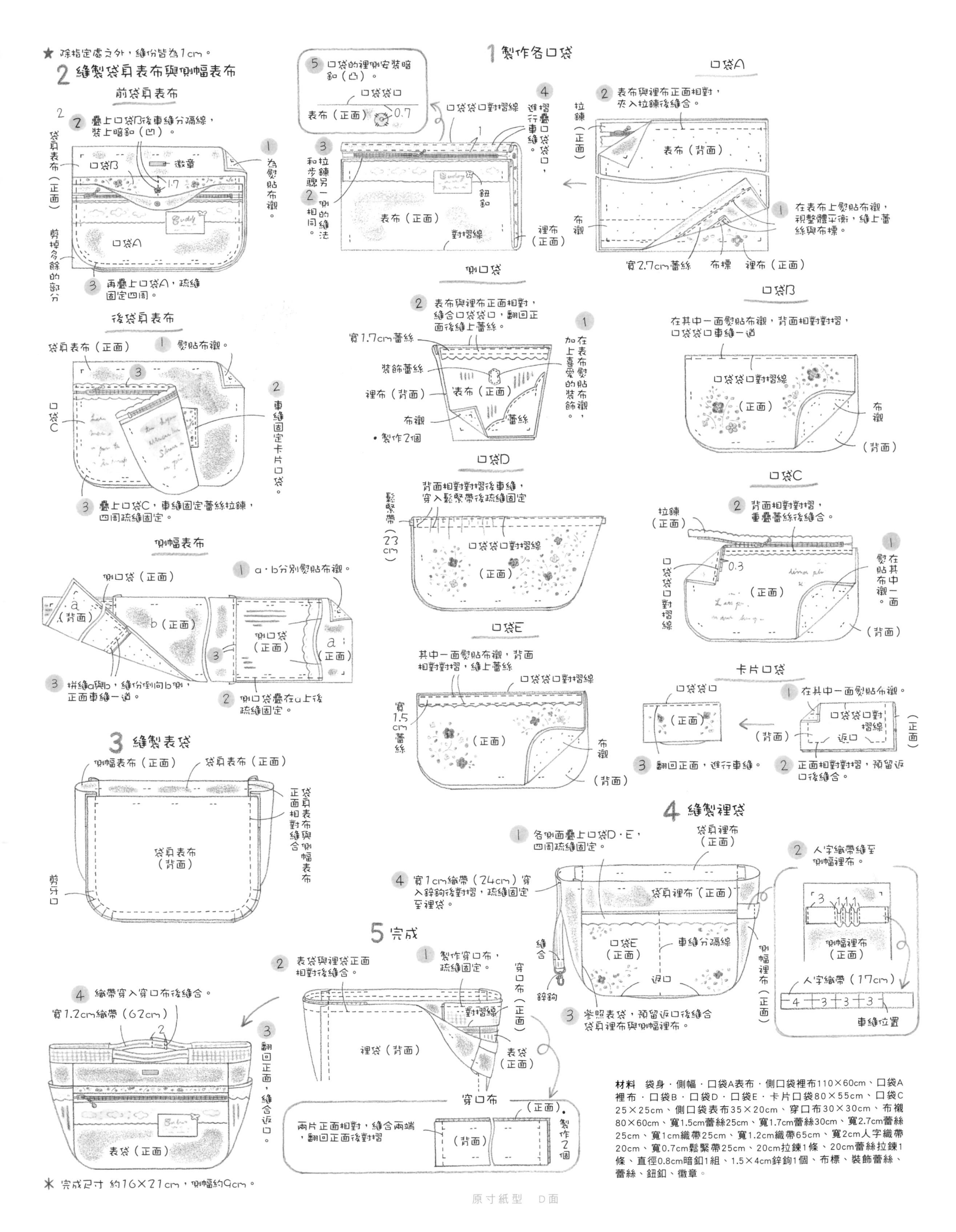
★ 除指定處之外，縫份皆為1cm。
2 縫製袋身表布與側幅表布
前袋身表布
2 疊上口袋B後車縫分隔線，裝上暗釦（凹）。
袋身表布（正面）
口袋B
徽章
1.7
1 燙貼布襯。
口袋A
剪掉多餘的部分
3 再疊上口袋A，疏縫固定四周。
後袋身表布
袋身表布（正面）
1 燙貼布襯。
2 車縫固定卡片口袋。
口袋C
3 疊上口袋C，車縫固定蕾絲拉鍊，四周疏縫固定。
側幅表布
側口袋（正面）
1 a・b分別燙貼布襯。
a（背面）
b（正面）
側口袋（正面）
a（正面）
3 拼縫a與b，縫份倒向b側，正面車縫一道。
2 側口袋疊在a上後疏縫固定。
3 縫製表袋
側幅表布（正面）
袋身表布（正面）
正面相對縫合袋身表布與側幅表布
袋身表布（背面）
剪牙口
1 製作各口袋
5 口袋的裡側安裝暗釦（凸）。
口袋袋口
表布（正面）
0.7
口袋袋口對摺線
4 進行疊口車縫袋口，
3 和拉鍊另一側的相同步驟縫法
2
表布（正面）
鈕釦
對摺線
裡布（正面）
口袋A
2 表布與裡布正面相對，夾入拉鍊後縫合。
拉鍊（正面）
表布（背面）
布襯
1 在表布上燙貼布襯，視整體平衡，縫上蕾絲與布標。
寬2.7cm蕾絲
布標
裡布（正面）
側口袋
2 表布與裡布正面相對，縫合口袋袋口，翻回正面後縫上蕾絲。
寬1.7cm蕾絲
裝飾蕾絲
裡布（背面）
表布（正面）
布襯
蕾絲
1 加在上表布喜愛的燙貼裝飾布襯。，
•製作2個
口袋B
在其中一面燙貼布襯，背面相對對摺，口袋袋口車縫一道
口袋袋口對摺線
（正面）
布襯
（背面）
口袋D
背面相對對摺後車縫，穿入鬆緊帶後疏縫固定
鬆緊帶（23cm）
口袋袋口對摺線
（正面）
口袋C
2 背面相對對摺，重疊蕾絲後縫合。
拉鍊（正面）
0.3
口袋袋口對摺線
（正面）
1 在其中一面燙貼布襯。
（背面）
口袋E
其中一面燙貼布襯，背面相對對摺，縫上蕾絲
口袋袋口對摺線
寬1.5cm蕾絲
（正面）
布襯
（背面）
卡片口袋
口袋袋口
（正面）
1 在其中一面燙貼布襯。
口袋袋口對摺線
（背面）
返口
（正面）
3 翻回正面，進行車縫。
2 正面相對對摺，預留返口後縫合。
4 縫製裡袋
1 各側面疊上口袋D・E，四周疏縫固定。
袋身裡布（正面）
4 寬1cm織帶（24cm）穿入鋅鉤後對摺，疏縫固定至裡袋。
袋身裡布（正面）
口袋E（正面）
車縫分隔線
縫合
鋅鉤
返口
側幅裡布（正面）
3 參照表袋，預留返口後縫合袋身裡布與側幅裡布。
2 人字織帶縫至側幅裡布。
3
側幅裡布（正面）
人字織帶（17cm）
4 3 3 3
車縫位置
5 完成
2 表袋與裡袋正面相對後縫合。
1 製作穿口布，疏縫固定。
穿口布（正面）
對摺線
裡袋（背面）
表袋（正面）
4 織帶穿入穿口布後縫合。
寬1.2cm織帶（62cm）
2
3 翻回正面，縫合返口。
表袋（正面）
穿口布
（正面）
兩片正面相對，縫合兩端，翻回正面後對摺
（背面）
製作2個
✱ 完成尺寸 約16×21cm，側幅約9cm。
材料 袋身・側幅・口袋A表布・側口袋裡布110×60cm、口袋A裡布・口袋B・口袋D・口袋E・卡片口袋80×55cm、口袋C 25×25cm、側口袋表布35×20cm、穿口布30×30cm、布襯80×60cm、寬1.5cm蕾絲25cm、寬1.7cm蕾絲30cm、寬2.7cm蕾絲25cm、寬1cm織帶25cm、寬1.2cm織帶65cm、寬2cm人字織帶20cm、寬0.7cm鬆緊帶25cm、20cm拉鍊1條、20cm蕾絲拉鍊1條、直徑0.8cm暗釦1組、1.5×4cm鋅鉤1個、布標、裝飾蕾絲、蕾絲、鈕釦、徽章。
原寸紙型 D面

PART 4

輕鬆空出雙手的人氣基本款！

輕便自在的斜背包&肩背包

給人輕快時尚印象的斜背包與肩背包，向來是受歡迎的人氣包款。每個人或多或少都想擁有幾個這種可以搭配外出服的基本包款，精心設計的機能性也不容錯過！

肩帶長度可依喜好調整

綁帶式斜背包

千葉縣／杉野未央子

簡單的長方包要作得漂亮，訣竅就是在包身邊緣車縫出漂亮的四角形輪廓。可輕鬆放入A4尺寸，令人開心的大容量在外出時非常便利。顯眼的大鈕釦則是裝飾重點。

這款斜背包統一選用紫色布料，只在花紋的搭配上作變化。一打開包口就可看見的裡布選用圓點花紋，口袋則使用直條紋。

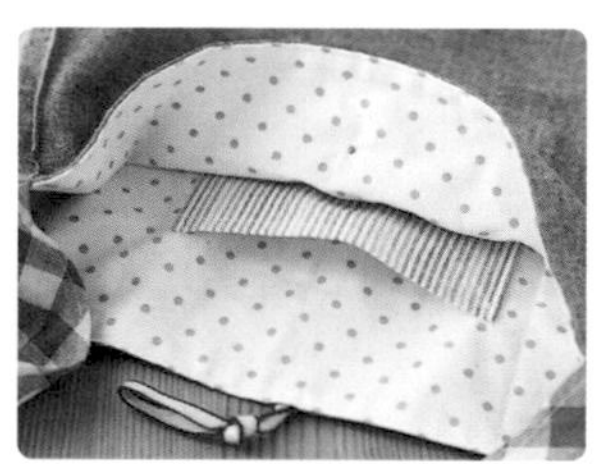

為了能調整長度，背帶採用綁帶的方式。設計上的巧思就在於將大型格紋布斜裁來製作。

原寸紙型　D面

材料　表布110×35cm、裡布110×35cm、肩帶80×80cm、口袋20×35cm、布襯60×70cm、寬1cm織帶25cm、直徑3.5cm鈕釦1個。

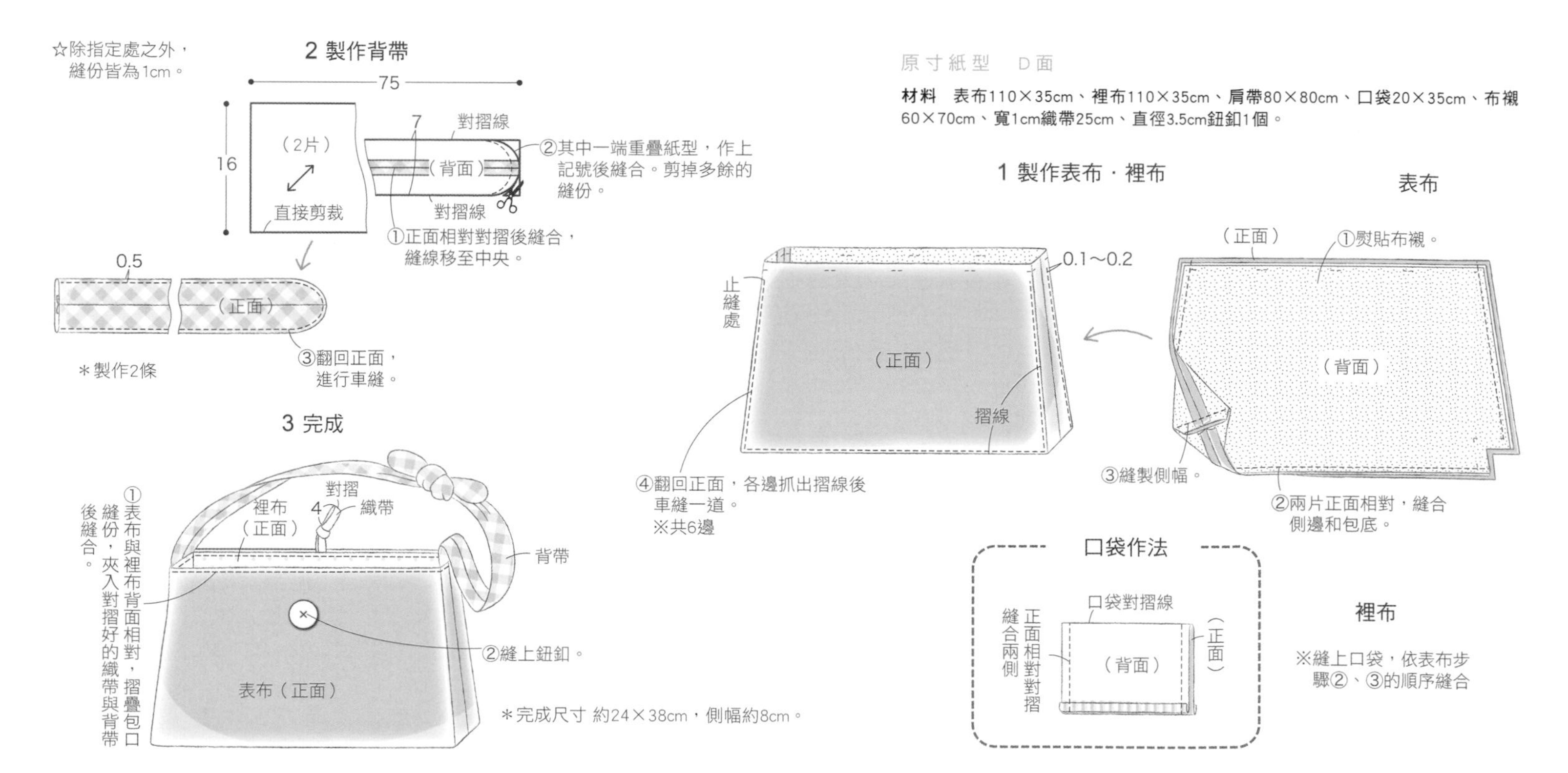

☆除指定處之外，縫份皆為1cm。
2 製作背帶
75
16
（2片）
直接剪裁
7
對摺線
（背面）
對摺線
②其中一端重疊紙型，作上記號後縫合。剪掉多餘的縫份。
①正面相對對摺後縫合，縫線移至中央。
0.5
（正面）
③翻回正面，進行車縫。
＊製作2條
3 完成
①表布與裡布背面相對，縫份夾入對摺好的織帶與背帶後縫合。
裡布（正面）
對摺
4
織帶
背帶
②縫上鈕釦。
表布（正面）
＊完成尺寸 約24×38cm，側幅約8cm。
1 製作表布・裡布
表布
止縫處
0.1～0.2
（正面）
摺線
④翻回正面，各邊抓出摺線後車縫一道。
※共6邊
（正面）
①熨貼布襯。
（背面）
③縫製側幅。
②兩片正面相對，縫合側邊和包底。
口袋作法
口袋對摺線
正面相對對摺縫合兩側
（背面）
（正面）
裡布
※縫上口袋，依表布步驟②、③的順序縫合

平常使用也很方便的母子包

兩用斜背包

東京都／長谷川Mayumi

考慮大型背包不只用於旅行，因此想出這款母子式肩背包。鬆開在背帶雞眼釦穿入的皮繩，並解開包口的鈕釦就可以拆成兩個包包。

可放入斜背包內，以厚質亞麻布作成堅固耐用的內袋，利用以鉚釘固定的皮革提把就可以輕鬆拿出放入。

這樣很方便

變成兩個包包

內袋裡縫製了很多口袋。足以放入護照、手冊等的圓點花樣口袋，是以燈芯絨布製作而成。

包身內也有很多小巧思。皮革片上的押釦除了可扣住包口外，還具備分隔口袋的作用，讓使用更便利。

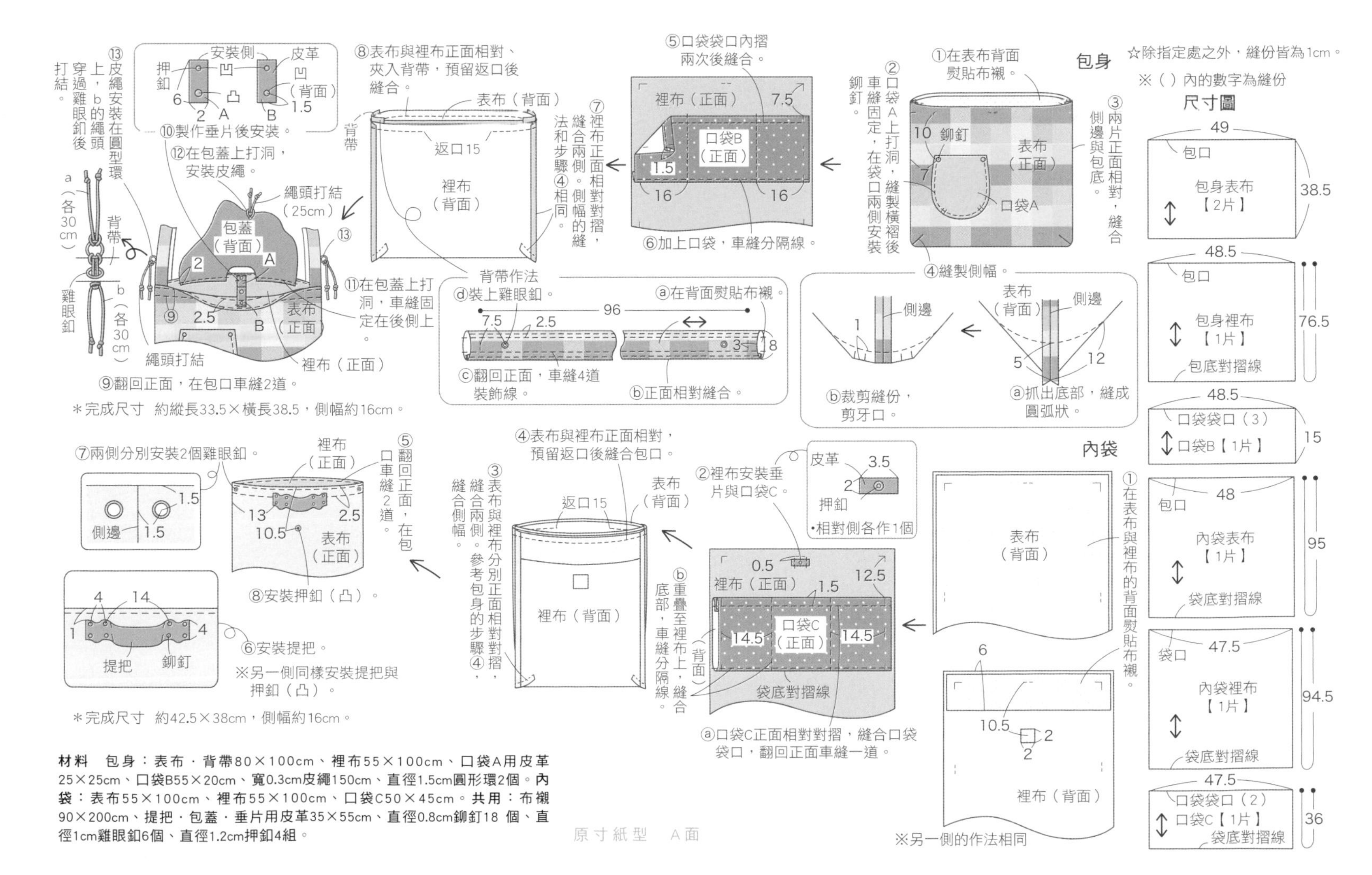

☆除指定處之外，縫份皆為1cm。
※（）內的數字為縫份
尺寸圖
包身
包身表布【2片】
包身裡布【1片】
包底對摺線
口袋袋口（3）
口袋B【1片】
內袋
內袋表布【1片】
袋底對摺線
內袋裡布【1片】
口袋袋口（2）
口袋C【1片】
①在表布背面熨貼布襯。
②口袋A上打洞，縫製橫褶後車縫固定，在袋口兩側安裝鉚釘。
③兩片正面相對，側邊與包底縫合。
④縫製側幅。
ⓐ抓出底部，縫成圓弧狀。
ⓑ裁剪縫份，剪牙口。
⑤口袋袋口內摺兩次後縫合。
⑥加上口袋，車縫分隔線。
⑦裡布正面相對摺，縫合兩側。側幅的縫法和步驟④相同。
⑧表布與裡布正面相對、夾入背帶，預留返口後縫合。
⑨翻回正面，在包口車縫2道。
⑩製作垂片後安裝。
⑪在包蓋上打洞，車縫固定在後側上。
⑫在包蓋上打洞，安裝皮繩。
⑬皮繩安裝在圓型環上，穿過b的雞眼釦後打結繩頭。
背帶作法
ⓐ在背面熨貼布襯。
ⓑ正面相對縫合。
ⓒ翻回正面，車縫4道裝飾線。
ⓓ裝上雞眼釦。
繩頭打結（25cm）
＊完成尺寸 約縱長33.5×橫長38.5，側幅約16cm。
①在表布與裡布的背面熨貼布襯。
②裡布安裝垂片與口袋C。
•相對側各作1個
ⓐ口袋C正面相對對摺，縫合口袋袋口，翻回正面車縫一道。
ⓑ重疊至裡布上，車縫分隔線，縫合底部。
③表布與裡布分別正面相對摺，縫合兩側幅。參考包身的步驟④。
④表布與裡布正面相對，預留返口後縫合包口。
⑤翻回正面，在包口車縫2道。
⑥安裝提把。
⑦兩側分別安裝2個雞眼釦。
⑧安裝押釦（凸）。
※另一側同樣安裝提把與押釦（凸）。
※另一側的作法相同
＊完成尺寸 約42.5×38cm，側幅約16cm。
原寸紙型 A面

材料 包身：表布．背帶80×100cm、裡布55×100cm、口袋A用皮革25×25cm、口袋B55×20cm、寬0.3cm皮繩150cm、直徑1.5cm圓形環2個。內袋：表布55×100cm、裡布55×100cm、口袋C50×45cm。共用：布襯90×200cm、提把．包蓋．垂片用皮革35×55cm、直徑0.8cm鉚釘18個、直徑1cm雞眼釦6個、直徑1.2cm押釦4組。

綁在腰上，用法更隨意的

圍裙式斜背包

東京都／長谷川Mayumi

這個製作靈感來自圍裙的斜背包，是個將條紋布縱橫組合而成的簡單包款。將肩帶繫在腰上打個結就變成腰包，或是具圍裙風的包包。

和包包同一塊布製作的兩片垂片穿上圓形環。就可以配合當天的服飾調整肩帶的長度。

肩帶作長一些，花點心思在打結方式上會很有趣。例如將肩帶在胸前打個蝴蝶結，就變成時髦裝扮的重點。

這樣
很方便

寬大的包口

綁在腰上就呈現這樣的感覺。寬大的包口內側僅以暗釦固定，因此可直接伸手拿取東西。

肩帶前端的原寸紙型　A面

材料　表布．肩帶表布、口袋、垂片95×90cm、肩帶裡布20×90cm、寬2.5cm麻質織帶20cm、15cm拉鍊1條、直徑1.2cm暗釦1組、內徑4.8cm圓形環2個。

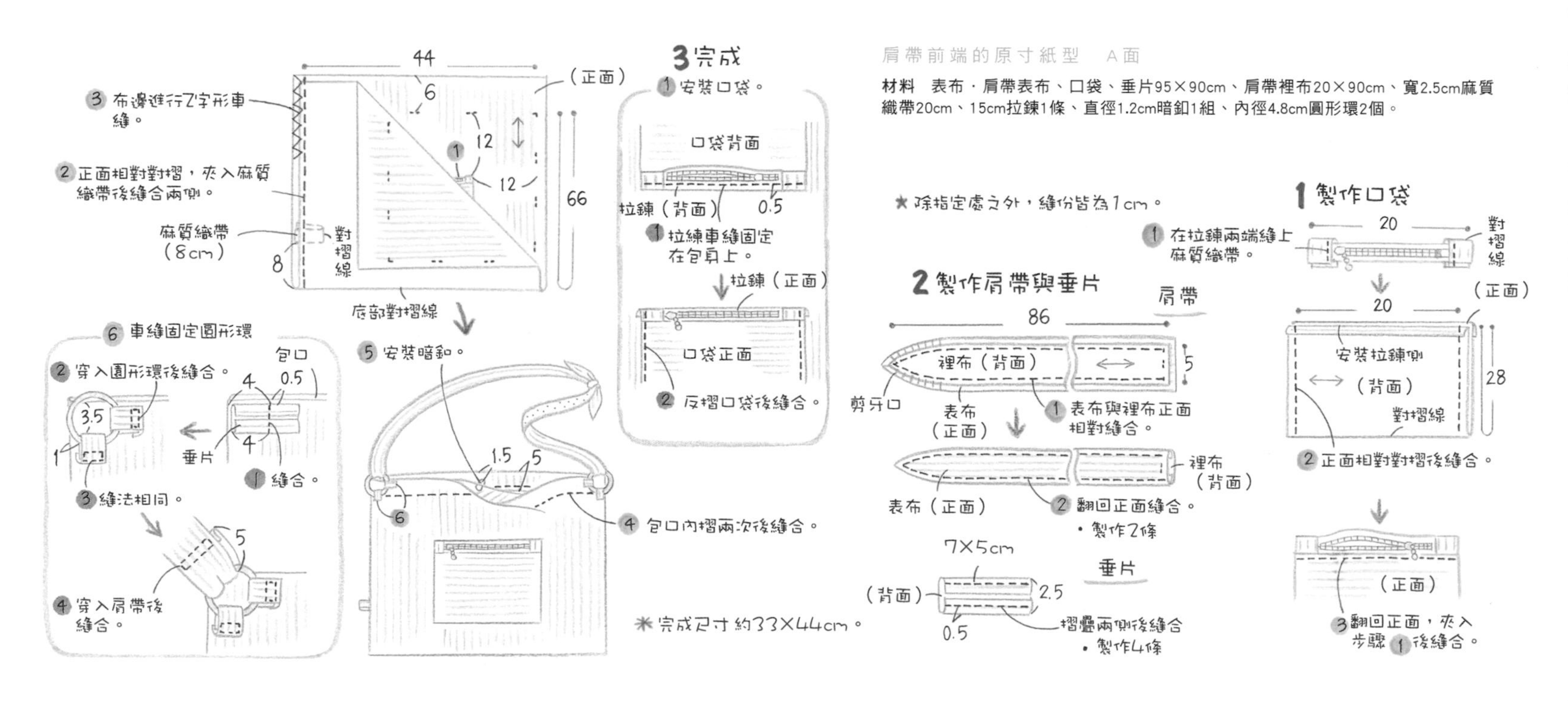
★除指定處之外，縫份皆為1cm。
1 製作口袋
1 在拉鍊兩端縫上麻質織帶。
20
對摺線
(正面)
20
安裝拉鍊側
(背面)
28
對摺線
2 正面相對對摺後縫合。
(正面)
3 翻回正面，夾入步驟 1 後縫合。
2 製作肩帶與垂片
肩帶
86
裡布（背面）
5
剪牙口
表布（正面）
1 表布與裡布正面相對縫合。
裡布（背面）
表布（正面）
2 翻回正面縫合。
・製作2條
7×5cm
垂片
(背面)
2.5
0.5
摺疊兩側後縫合
・製作4條
44
(正面)
3 布邊進行Z字形車縫。
6
12
12
66
2 正面相對對摺，夾入麻質織帶後縫合兩側。
麻質織帶（8cm）
8
對摺線
底部對摺線
3 完成
1 安裝口袋。
口袋背面
拉鍊（背面）
0.5
1 拉鍊車縫固定在包身上。
拉鍊（正面）
口袋正面
2 反摺口袋後縫合。
6 車縫固定圓形環
2 穿入圓形環後縫合。
包口
4
0.5
3.5
垂片
4
1
1 縫合。
3 縫法相同。
5
4 穿入肩帶後縫合。
5 安裝暗釦。
1.5
5
6
4 包口內摺兩次後縫合。
＊完成尺寸約33×44cm。

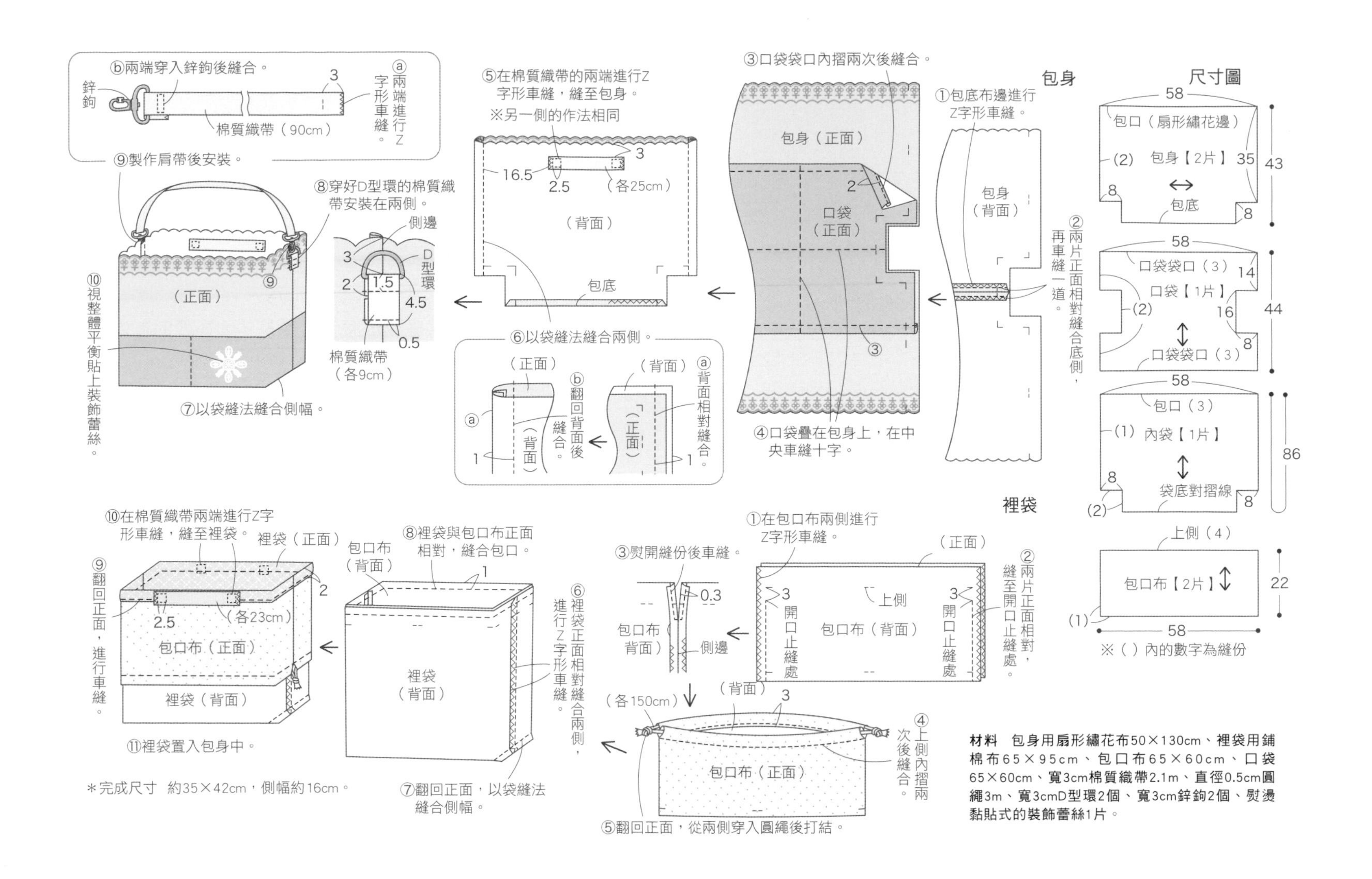
ⓑ兩端穿入鋅鉤後縫合。
鋅鉤
3
ⓐ兩端進行Z字形車縫。
棉質織帶（90cm）
⑨製作肩帶後安裝。
⑧穿好D型環的棉質織帶安裝在兩側。
側邊
D型環
3
2
1.5
4.5
0.5
棉質織帶（各9cm）
⑨
（正面）
⑩視整體平衡貼上裝飾蕾絲。
⑦以袋縫法縫合側幅。
⑤在棉質織帶的兩端進行Z字形車縫，縫至包身。
※另一側的作法相同
3
16.5
2.5
（各25cm）
（背面）
包底
⑥以袋縫法縫合兩側。
（正面）
（背面）
ⓐ背面相對縫合。
ⓑ翻回背面後縫合。
ⓐ
1
③口袋袋口內摺兩次後縫合。
包身（正面）
2
口袋（正面）
③
④口袋疊在包身上，在中央車縫十字。
包身
①包底布邊進行Z字形車縫。
包身（背面）
②兩片正面相對縫合底側，再車縫一道。
尺寸圖
58
包口（扇形繡花邊）
(2)
包身【2片】
35
43
8
包底
8
58
口袋袋口（3）
14
口袋【1片】
(2)
16
44
8
口袋袋口（3）
58
包口（3）
(1)
內袋【1片】
86
8
袋底對摺線
(2)
8
上側（4）
包口布【2片】
22
(1)
58
※（ ）內的數字為縫份
裡袋
⑩在棉質織帶兩端進行Z字形車縫，縫至裡袋。
裡袋（正面）
2
2.5
（各23cm）
包口布（正面）
⑨翻回正面，進行車縫。
裡袋（背面）
⑪裡袋置入包身中。
包口布（背面）
⑧裡袋與包口布正面相對，縫合包口。
1
裡袋（背面）
⑥裡袋正面相對縫合兩側，進行Z字形車縫。
⑦翻回正面，以袋縫法縫合側幅。
③熨開縫份後車縫。
0.3
包口布（背面）
側邊
①在包口布兩側進行Z字形車縫。
（正面）
3
上側
3
開口止縫處
包口布（背面）
開口止縫處
②兩片正面相對，縫至開口止縫處。
（各150cm）
（背面）
3
包口布（正面）
④上側內摺兩次後縫合。
⑤翻回正面，從兩側穿入圓繩後打結。

＊完成尺寸　約35×42cm，側幅約16cm。

材料　包身用扇形繡花布50×130cm、裡袋用鋪棉布65×95cm、包口布65×60cm、口袋65×60cm、寬3cm棉質織帶2.1m、直徑0.5cm圓繩3m、寬3cmD型環2個、寬3cm鋅鉤2個、熨燙黏貼式的裝飾蕾絲1片。

包口一拉就收緊

大人風的蕾絲旅行袋

埼玉縣／鈴木朱美

包身上的扇形布緣繡花，以及安裝在側口袋的裝飾蕾絲都是雅緻的點綴。包口的束口袋設計是為了不讓人一眼就看到裡面，也兼具防竊的功能。

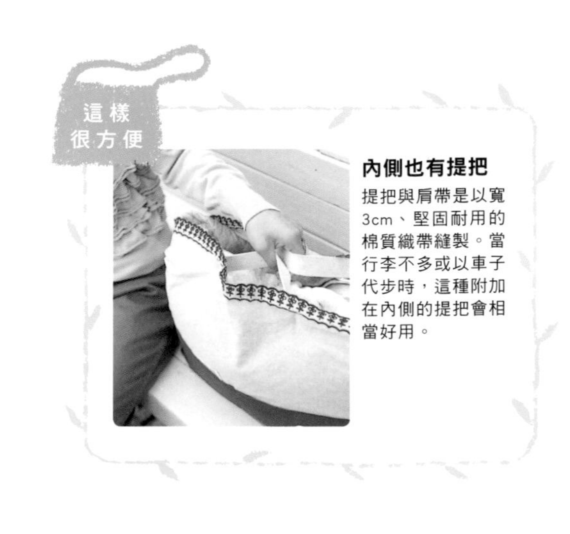

這樣很方便

內側也有提把

提把與肩帶是以寬3cm、堅固耐用的棉質織帶縫製。當行李不多或以車子代步時，這種附加在內側的提把會相當好用。

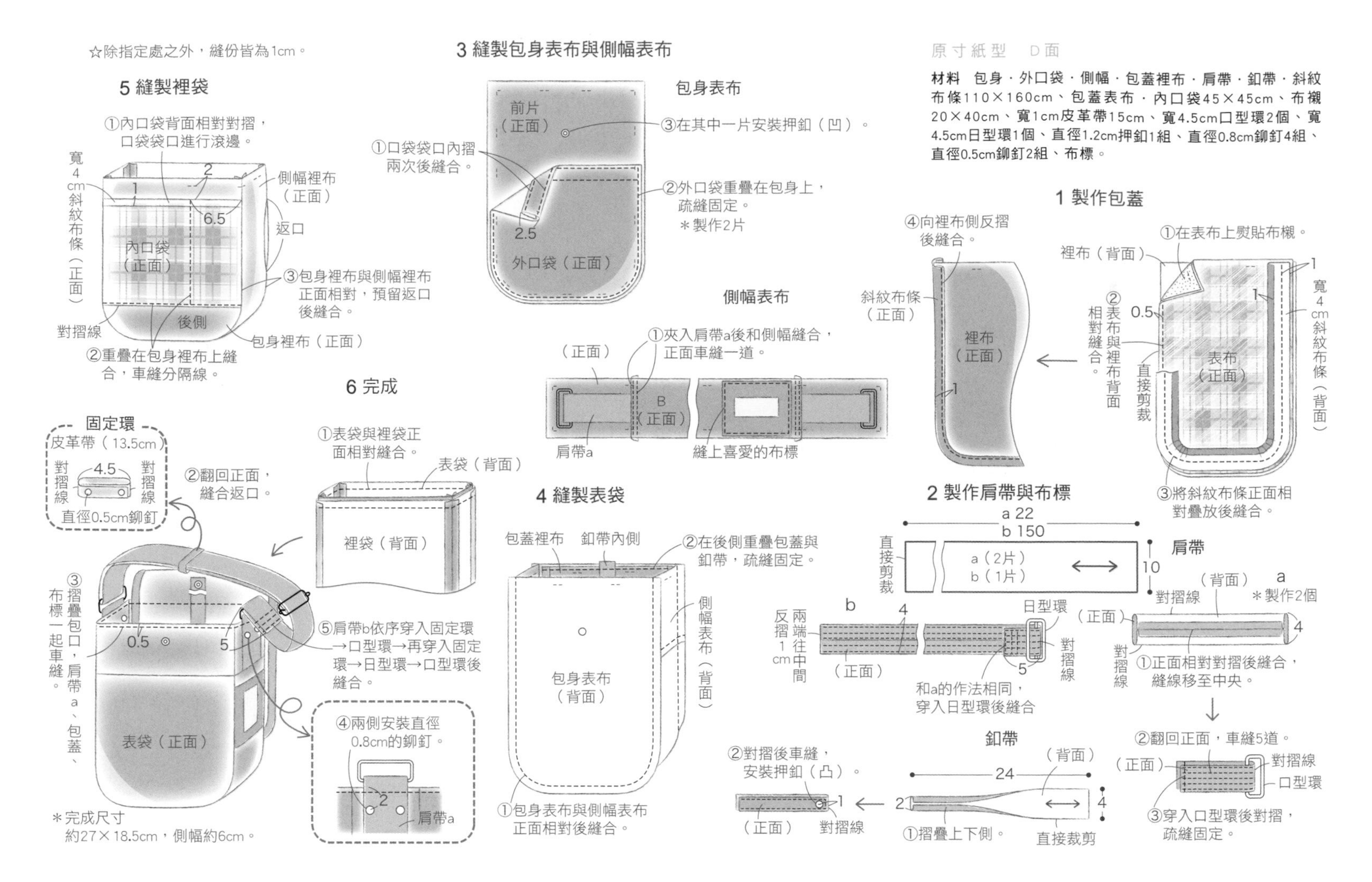
☆除指定處之外，縫份皆為1cm。
5 縫製裡袋
①內口袋背面相對對摺，
口袋袋口進行滾邊。
寬4cm斜紋布條（正面）
側幅裡布（正面）
返口
內口袋（正面）
6.5
③包身裡布與側幅裡布
正面相對，預留返口
後縫合。
後側
對摺線
包身裡布（正面）
②重疊在包身裡布上縫
合，車縫分隔線。
3 縫製包身表布與側幅表布
包身表布
前片（正面）
①口袋袋口內摺
兩次後縫合。
③在其中一片安裝押釦（凹）。
②外口袋重疊在包身上，
疏縫固定。
＊製作2片
2.5
外口袋（正面）
側幅表布
（正面）
①夾入肩帶a後和側幅縫合，
正面車縫一道。
B（正面）
肩帶a
縫上喜愛的布標
原寸紙型　D面
材料　包身・外口袋・側幅・包蓋裡布・肩帶・釦帶・斜紋布條110×160cm、包蓋表布・內口袋45×45cm、布襯20×40cm、寬1cm皮革帶15cm、寬4.5cm口型環2個、寬4.5cm日型環1個、直徑1.2cm押釦1組、直徑0.8cm鉚釘4組、直徑0.5cm鉚釘2組、布標。
1 製作包蓋
④向裡布側反摺
後縫合。
斜紋布條（正面）
裡布（正面）
裡布（背面）
①在表布上熨貼布襯。
②表布與裡布背面相對縫合。
直接剪裁
0.5
表布（正面）
寬4cm斜紋布條（背面）
③將斜紋布條正面相
對疊放後縫合。
6 完成
固定環
皮革帶（13.5cm）
對摺線
4.5
直徑0.5cm鉚釘
①表袋與裡袋正
面相對縫合。
表袋（背面）
②翻回正面，
縫合返口。
裡袋（背面）
③摺疊包口，肩帶a、包蓋、布標一起車縫。
0.5
5
⑤肩帶b依序穿入固定環
→口型環→再穿入固定
環→日型環→口型環後
縫合。
表袋（正面）
④兩側安裝直徑
0.8cm的鉚釘。
肩帶a
＊完成尺寸
約27×18.5cm，側幅約6cm。
4 縫製表袋
包蓋裡布　釦帶內側
②在後側重疊包蓋與
釦帶，疏縫固定。
側幅表布（背面）
包身表布（背面）
①包身表布與側幅表布
正面相對後縫合。
2 製作肩帶與布標
a 22
b 150
直接剪裁
a（2片）
b（1片）
10
肩帶
（背面）a
對摺線
＊製作2個
b
兩端往中間反摺1cm
日型環
（正面）
對摺線
和a的作法相同，
穿入日型環後縫合
（正面）
①正面相對對摺後縫合，
縫線移至中央。
②翻回正面，車縫5道。
對摺線
口型環
③穿入口型環後對摺，
疏縫固定。
釦帶
②對摺後車縫，
安裝押釦（凸）。
（背面）
24
（正面）　對摺線
①摺疊上下側。
直接裁剪

使用方便
可放入一般書本的長方包

長形肩背包

香川縣／吉本典子

這個小型肩背包以傳統氛圍的蘇格蘭格紋製作的，很適合在騎單車外出或忙碌地跑來跑去時使用。由於包蓋完全覆蓋住包口，所以不必擔心裡面的物品會掉出來。

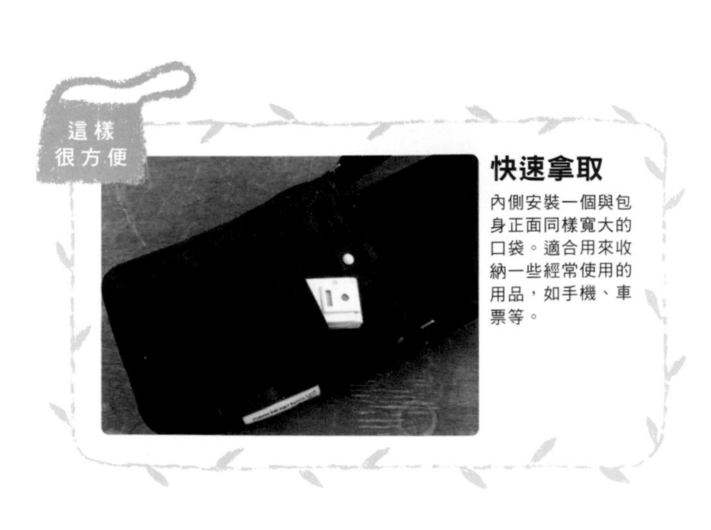

這樣很方便

快速拿取

內側安裝一個與包身正面同樣寬大的口袋。適合用來收納一些經常使用的用品，如手機、車票等。

背帶可隨成長調整
小朋友開心又喜歡的

可愛拼布扁包

德島縣／鎌倉惠

這個小型肩背包整體配色柔和，再加上小孩最喜歡的貼布繡。以格紋、圓點布拼縫而成的表布，則是夾入棉襯作出了蓬鬆感。

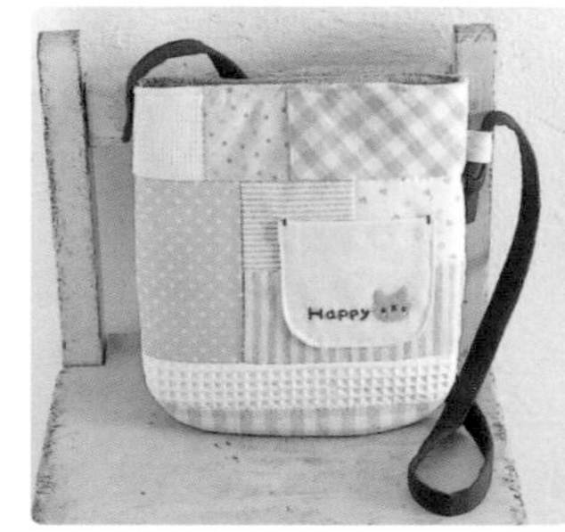

後側加裝一個小口袋，上面也有貼布繡與刺繡。為了讓貼布繡更明顯，所有布料的配色都很溫和。

這樣很方便

調整長度

背帶是利用側邊的布環來打結固定，因此可以簡單調整長度。這個小孩長大後也能繼續使用的肩背包，蘊藏著製作者的用心。

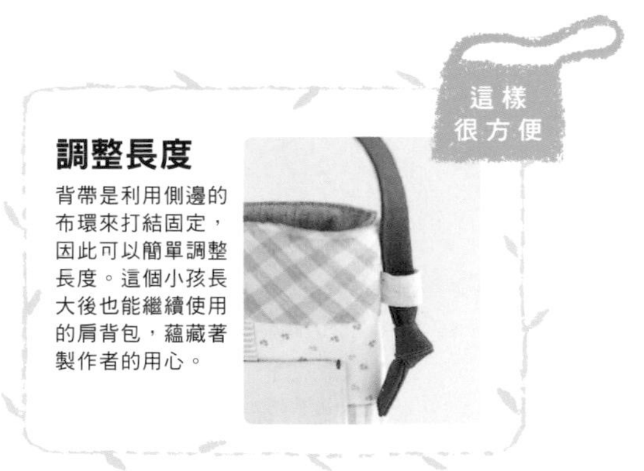

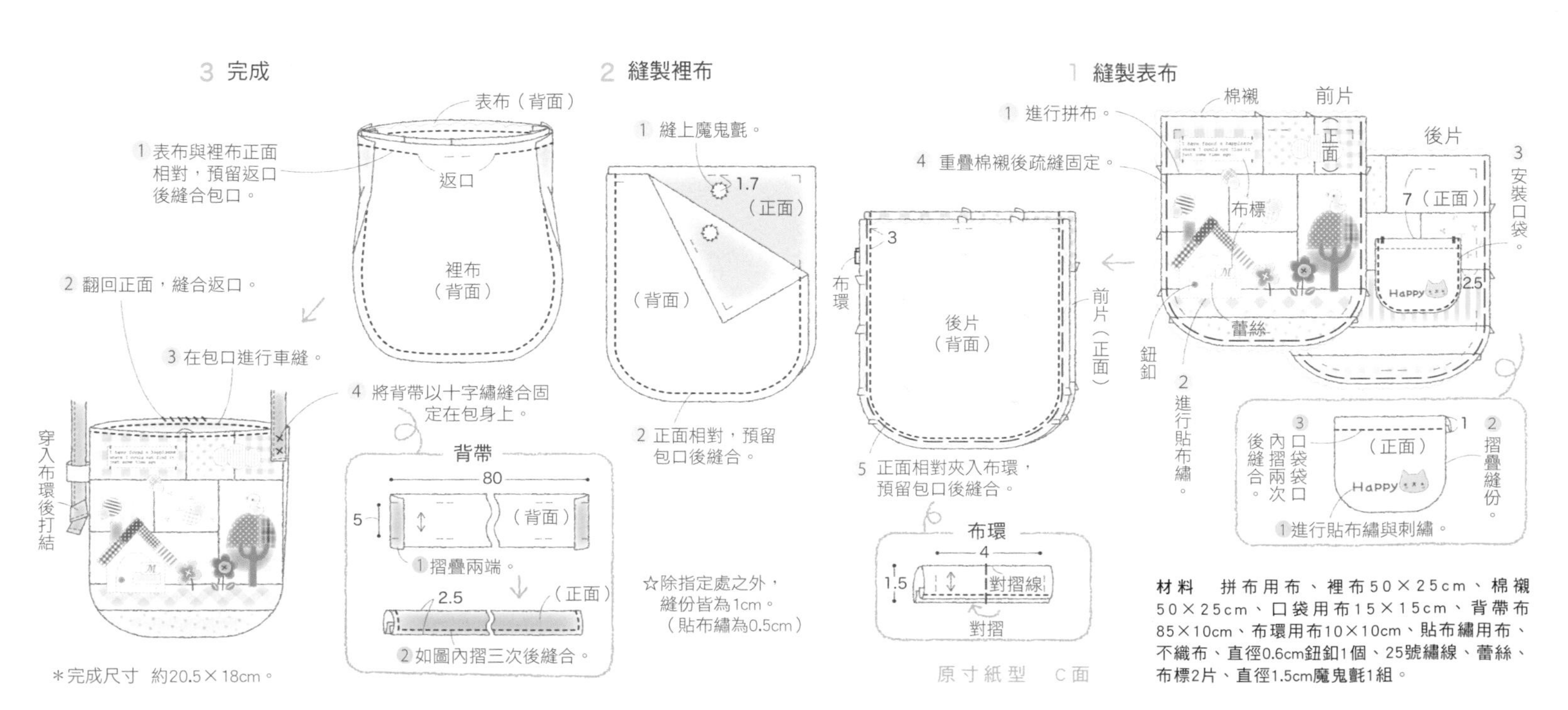

3 完成
1 表布與裡布正面相對，預留返口後縫合包口。
表布（背面）
返口
裡布（背面）
2 翻回正面，縫合返口。
3 在包口進行車縫。
4 將背帶以十字繡縫合固定在包身上。
穿入布環後打結
背帶
80
5
（背面）
1 摺疊兩端。
2.5
（正面）
2 如圖內摺三次後縫合。
＊完成尺寸 約20.5×18cm。
2 縫製裡布
1 縫上魔鬼氈。
1.7
（正面）
（背面）
2 正面相對，預留包口後縫合。
☆除指定處之外，縫份皆為1cm。（貼布繡為0.5cm）
1 縫製表布
1 進行拼布。
4 重疊棉襯後疏縫固定。
3
布環
後片（背面）
前片（正面）
5 正面相對夾入布環，預留包口後縫合。
布環
4
1.5
對摺線
對摺
原寸紙型 C面
棉襯
前片
後片
（正面）
布標
7（正面）
3 安裝口袋。
2.5
蕾絲
鈕釦
2 進行貼布繡。
1
2 摺疊縫份。
（正面）
3 口袋內摺兩次後縫合。
1 進行貼布繡與刺繡。

材料　拼布用布、裡布50×25cm、棉襯50×25cm、口袋用布15×15cm、背帶布85×10cm、布環用布10×10cm、貼布繡用布、不織布、直徑0.6cm鈕釦1個、25號繡線、蕾絲、布標2片、直徑1.5cm魔鬼氈1組。

拼縫同花色背帶更吸睛

旋風拼布肩背包

埼玉縣／大出智美

這個肩背包是以清新的三色拼布圖案表現出風旋轉的樣子。也以相同的布料拼縫成長條背帶，使整個包包看起來充滿春天氣息。

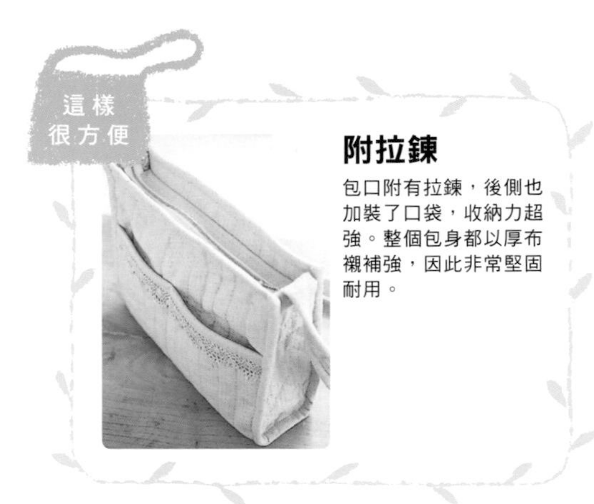
這樣很方便

附拉鍊

包口附有拉鍊，後側也加裝了口袋，收納力超強。整個包身都以厚布襯補強，因此非常堅固耐用。

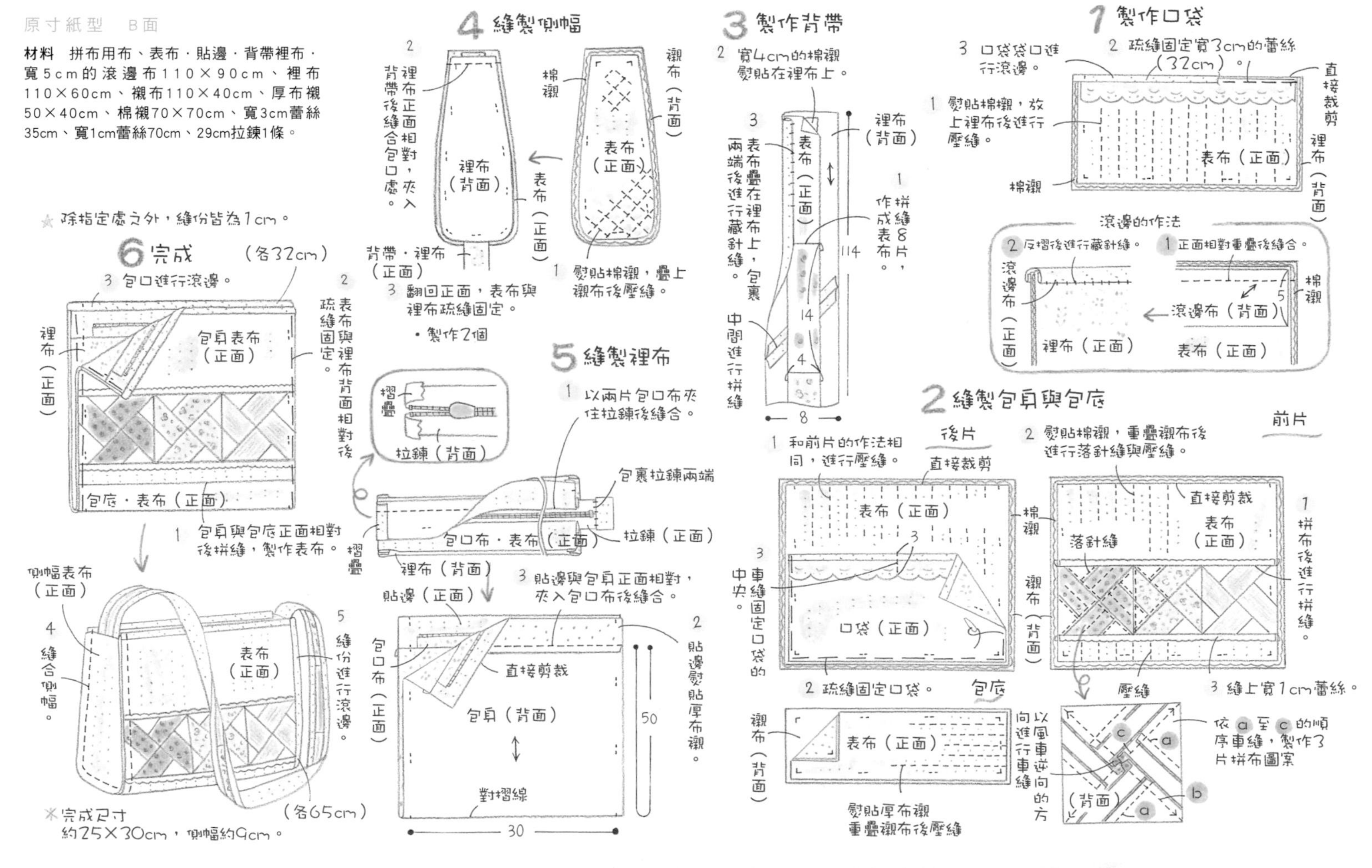

原寸紙型　B面
材料　拼布用布、表布．貼邊．背帶裡布．寬5cm的滾邊布110×90cm、裡布110×60cm、襯布110×40cm、厚布襯50×40cm、棉襯70×70cm、寬3cm蕾絲35cm、寬1cm蕾絲70cm、29cm拉鍊1條。
※除指定處之外，縫份皆為1cm。
1 製作口袋
1 燙貼棉襯，放上裡布後進行壓縫。
2 疏縫固定寬3cm的蕾絲
(32cm)
3 口袋袋口進行滾邊。
直接裁剪
表布（正面）
裡布（背面）
棉襯
滾邊的作法
1 正面相對重疊後縫合。
2 反摺後進行藏針縫。
滾邊布（背面）
滾邊布（正面）
裡布（正面）
表布（正面）
棉襯
5
2 縫製包身與包底
後片
1 和前片的作法相同，進行壓縫。
直接裁剪
表布（正面）
棉襯
3 中央車縫固定口袋的
口袋（正面）
襯布（背面）
2 疏縫固定口袋。
包底
襯布（背面）
表布（正面）
燙貼厚布襯重疊襯布後壓縫
前片
2 燙貼棉襯，重疊襯布後進行落針縫與壓縫。
直接裁剪
表布（正面）
落針縫
1 拼布後進行拼縫。
壓縫
3 縫上寬1cm蕾絲。
以風車逆向的方向進行縫
依a至c的順序車縫，製作3片拼布圖案
(背面)
a
b
c
3 製作背帶
2 寬4cm的棉襯燙貼在裡布上。
3 兩表布端後疊在裡布上進行藏針縫，包裹
裡布（背面）
表布（正面）
1 作拼成縫表布8片。
中間進行拼縫
114
14
4
8
4 縫製側幅
2 裡布背帶正面相對縫合包口處，夾入
棉襯
襯布（背面）
表布（正面）
裡布（背面）
表布（正面）
背帶．裡布（正面）
1 燙貼棉襯，疊上襯布後壓縫。
3 翻回正面，表布與裡布疏縫固定。
・製作2個
5 縫製裡布
1 以兩片包口布夾住拉鍊後縫合。
摺疊
拉鍊（背面）
包裹拉鍊兩端
拉鍊（正面）
包口布．表布（正面）
裡布（背面）
貼邊（正面）
3 貼邊與包身正面相對，夾入包口布後縫合。
2 貼邊燙貼厚布襯。
包口布（正面）
直接剪裁
包身（背面）
對摺線
50
30
6 完成
(各32cm)
3 包口進行滾邊。
2 表布與裡布背面相對後疏縫固定。
裡布（正面）
包身表布（正面）
包底．表布（正面）
1 包身與包底正面相對後拼縫，製作表布。
側幅表布（正面）
4 縫合側幅。
表布（正面）
5 縫份進行滾邊。
(各65cm)
※完成尺寸 約25×30cm，側幅約9cm。

☆除指定處之外，縫份皆為1cm。

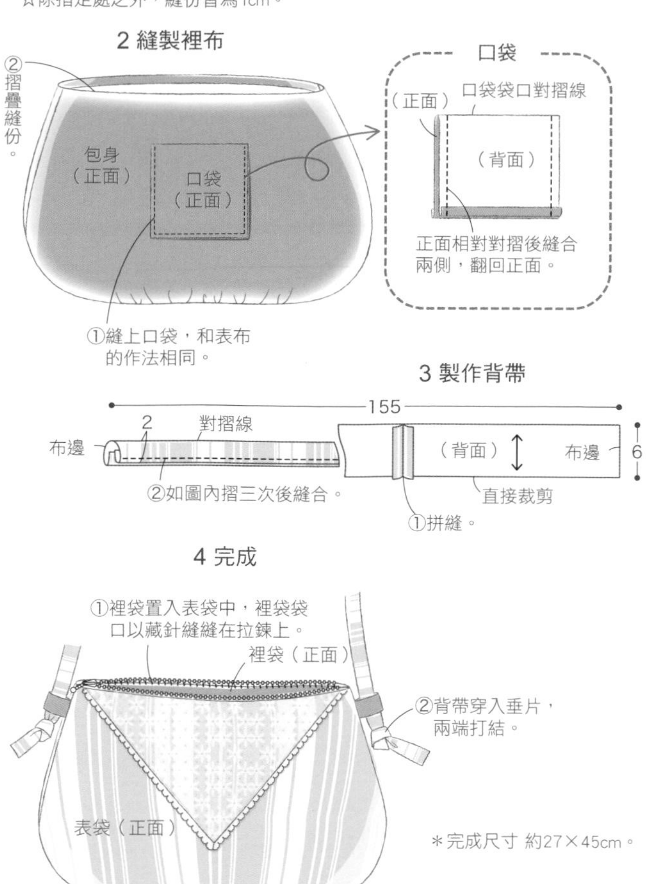
2 縫製裡布
②摺疊縫份。
包身（正面）
口袋（正面）
口袋
（正面）
口袋袋口對摺線
（背面）
正面相對對摺後縫合兩側，翻回正面。
①縫上口袋，和表布的作法相同。
3 製作背帶
155
2
對摺線
布邊
（背面）
布邊
6
②如圖內摺三次後縫合。
直接裁剪
①拼縫。
4 完成
①裡袋置入表袋中，裡袋袋口以藏針縫縫在拉鍊上。
裡袋（正面）
②背帶穿入垂片，兩端打結。
表袋（正面）

＊完成尺寸 約27×45cm。

原寸紙型　D面

材料　表布・背帶110×80cm、裡布・口袋80×70cm、裝飾用蕾絲布40×25cm、垂片用皮革帶2×20cm、2種蕾絲、35cm拉鍊1條。

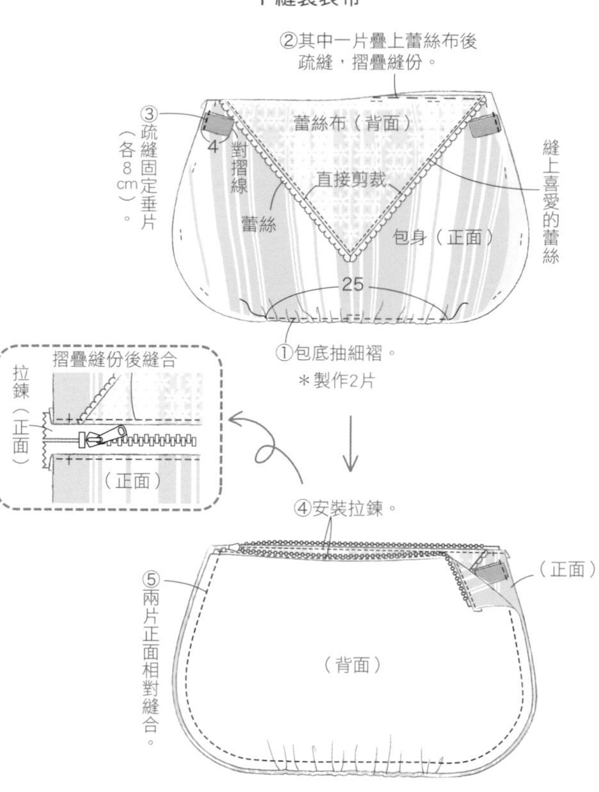
1 縫製表布
②其中一片疊上蕾絲布後疏縫，摺疊縫份。
③疏縫固定垂片（各8cm）。
4
對摺線
蕾絲布（背面）
直接剪裁
蕾絲
包身（正面）
縫上喜愛的蕾絲
25
①包底抽細褶。
＊製作2片
摺疊縫份後縫合
拉鍊（正面）
（正面）
④安裝拉鍊。
⑤兩片正面相對縫合。
（正面）
（背面）

GRAND
L'HOTEL
De Paris
ROSSINI
96, Rue de Varenne et Rue du Bac

以蕾絲覆蓋包口
呈現柔美氛圍

蓬鬆蕾絲包

兵庫縣／難波智子

即使是休閒風較重的斜背包，只要在包口使用精緻的蕾絲，就能立即提升柔和感。在包底作出細褶，讓包包變得蓬鬆且充滿著女性特質。

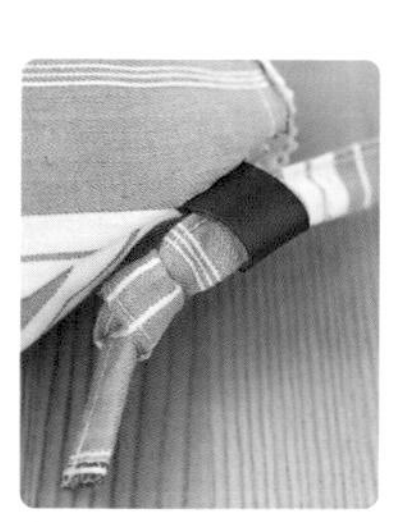

穿入背帶的垂片以皮革製成。若是厚0.1cm左右的皮革，不必換針，以一般的縫紉機就可以車縫。

這樣很方便

代替包蓋的蕾絲

包口縫上蕾絲布，輕鬆取代包蓋。有趣的是，僅僅以蕾絲替代，就改變了整個包包的感覺，同時也具有隱藏拉鍊的效果。

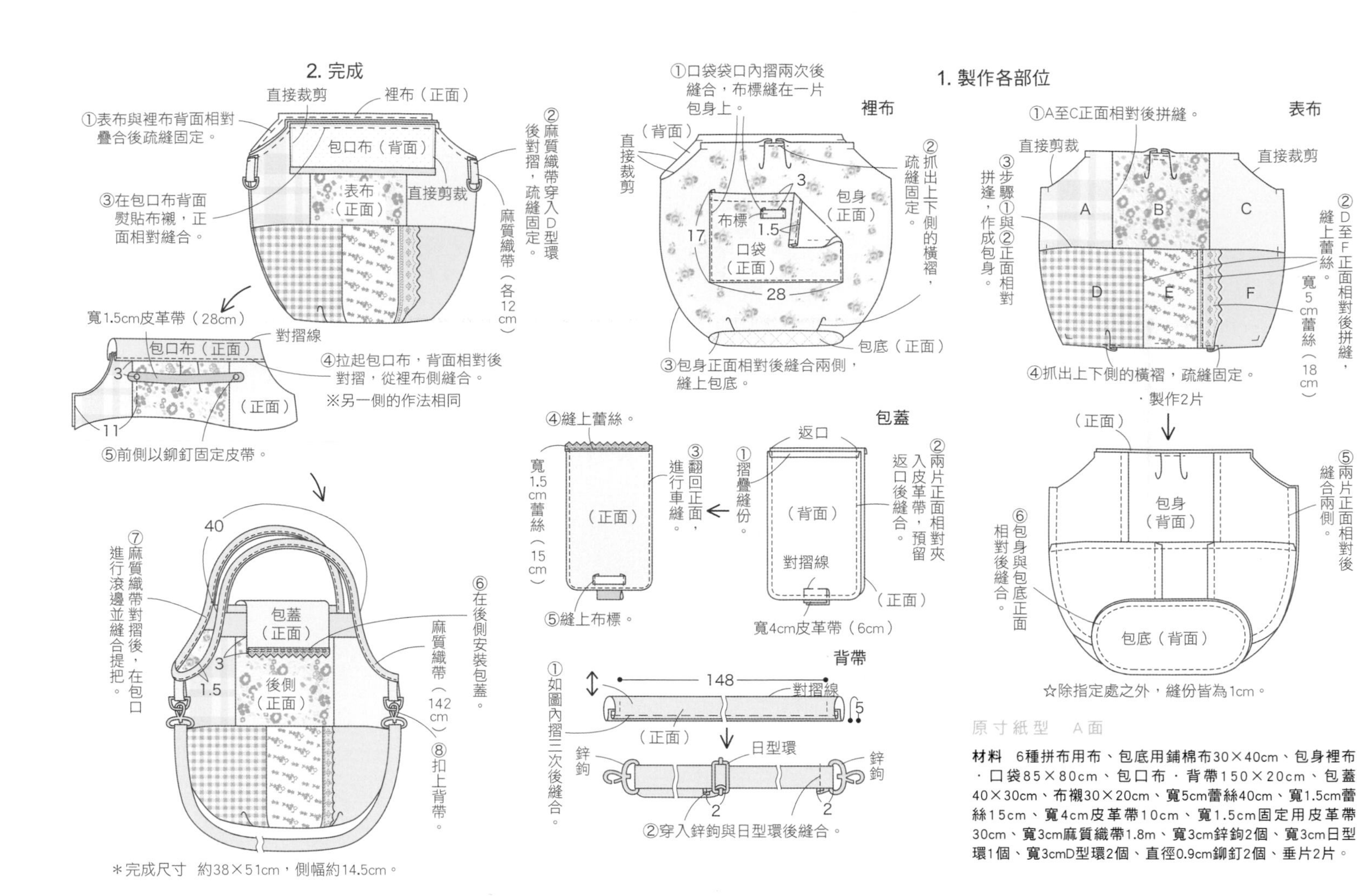
2. 完成
直接裁剪
裡布（正面）
①表布與裡布背面相對疊合後疏縫固定。
包口布（背面）
②麻質織帶穿入D型環後對摺，疏縫固定。
③在包口布背面熨貼布襯，正面相對縫合。
表布（正面）
直接剪裁
麻質織帶（各12cm）
寬1.5cm皮革帶（28cm）
對摺線
包口布（正面）
④拉起包口布，背面相對後對摺，從裡布側縫合。
※另一側的作法相同
3
11
（正面）
⑤前側以鉚釘固定皮帶。
40
⑦麻質織帶對摺後，進行滾邊並縫合提把，在包口
包蓋（正面）
3
1.5
後側（正面）
⑥在後側安裝包蓋。
麻質織帶（142cm）
⑧扣上背帶。
＊完成尺寸 約38×51cm，側幅約14.5cm。
1. 製作各部位
裡布
①口袋袋口內摺兩次後縫合，布標縫在一片包身上。
（背面）
直接裁剪
②抓出上下側的橫褶，疏縫固定。
3
包身（正面）
布標
1.5
17
口袋（正面）
28
③包身正面相對後縫合兩側，縫上包底。
包底（正面）
表布
①A至C正面相對後拼縫。
直接剪裁
直接裁剪
③步驟①與②正面相對拼縫，作成包身。
A
B
C
D
E
F
②D至F正面相對後拼縫，縫上蕾絲。
寬5cm蕾絲（18cm）
④抓出上下側的橫褶，疏縫固定。
·製作2片
（正面）
包身（背面）
⑤兩片正面相對後縫合兩側。
⑥包身與包底正面相對後縫合。
包底（背面）
☆除指定處之外，縫份皆為1cm。
包蓋
④縫上蕾絲。
寬1.5cm蕾絲（15cm）
③翻回正面，進行車縫。
（正面）
①摺疊縫份。
返口
②兩片正面相對夾入皮革帶，預留返口後縫合。
（背面）
對摺線
（正面）
⑤縫上布標。
寬4cm皮革帶（6cm）
背帶
①如圖內摺三次後縫合。
148
對摺線
5
（正面）
日型環
鋅鉤
2
2
②穿入鋅鉤與日型環後縫合。

原寸紙型 A面

材料 6種拼布用布、包底用鋪棉布30×40cm、包身裡布・口袋85×80cm、包口布・背帶150×20cm、包蓋40×30cm、布襯30×20cm、寬5cm蕾絲40cm、寬1.5cm蕾絲15cm、寬4cm皮革帶10cm、寬1.5cm固定用皮革帶30cm、寬3cm麻質織帶1.8m、寬3cm鋅鉤2個、寬3cm日型環1個、寬3cmD型環2個、直徑0.9cm鉚釘2個、垂片2片。

縫製不會變形的橢圓包底

時髦祖母包

香川縣／久保佐和子

這款祖母包以六種喜愛的布料花色拼縫而成。包蓋以皮革帶固定的設計，不僅時髦也兼具功能性。包底作成橢圓形更增加了收納力。

扣上和包口布相同布料製成的背帶，立刻就變成肩背包。即使行李突然增加，也一樣輕鬆自在。

隨心所欲拼組零碼布的

拼貼包

大阪府／西山真砂子

以捨不得丟棄的零碼布當主角，縫出自然氛圍的肩背包。這是直接將零碼布片拼縫就可簡單完成的包款。將背帶寬度加寬、長度縮短一點，這樣肩膀就不容易僵硬痠痛。

後側也是隨性任意地縫合零碼布。由於包身的尺寸很大，所以可以活用很多布塊。還加上印有文字的布裝飾。

讓包包堅固耐用的祕訣在於，將拼縫的布料全部都以直線壓縫。不但增加了耐用度，還能作出剪影般的凹凸效果。

這樣很方便

磁釦

內側安裝磁釦，以免他人直接看到裡面。將布邊運用在垂片、口袋上，則是帶點玩樂的趣味。

材料 拼布用布、零碼布、裡布、內口袋110×100cm、提把20×35cm、釦帶15×30cm、5種背帶用布、棉襯80cm×100cm、直徑1.5cm縫合式磁釦1組。

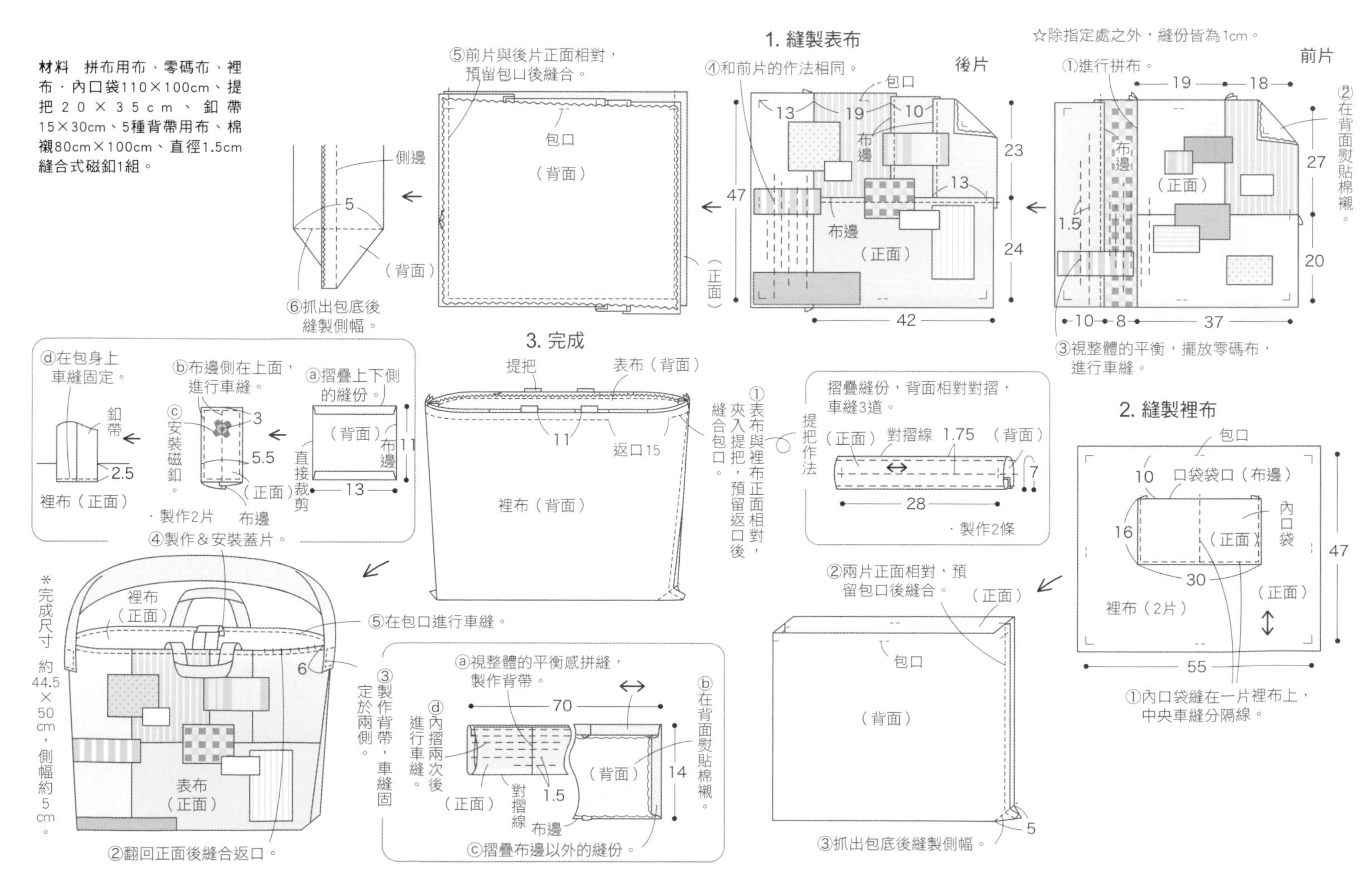

☆除指定處之外，縫份皆為1cm。
1. 縫製表布
前片
①進行拼布。
②在背面熨貼棉襯。
③視整體的平衡，擺放零碼布，進行車縫。
後片
④和前片的作法相同。
包口
布邊
（正面）
⑤前片與後片正面相對，預留包口後縫合。
包口
（背面）
（正面）
⑥抓出包底後縫製側幅。
側邊
（背面）
2. 縫製裡布
包口
口袋袋口（布邊）
內口袋
（正面）
裡布（2片）
①內口袋縫在一片裡布上，中央車縫分隔線。
②兩片正面相對，預留包口後縫合。
③抓出包底後縫製側幅。
提把作法
摺疊縫份，背面相對對摺，車縫3道。
對摺線
・製作2條
3. 完成
提把
表布（背面）
①表布與裡布正面相對，夾入提把，預留返口後縫合包口。
返口15
裡布（背面）
②翻回正面後縫合返口。
③製作背帶，車縫固定於兩側。
ⓐ視整體的平衡感拼縫，製作背帶。
ⓑ在背面熨貼棉襯。
ⓒ摺疊布邊以外的縫份。
ⓓ內摺兩次後進行車縫。
對摺線
布邊
④製作＆安裝蓋片。
ⓐ摺疊上下側的縫份。
ⓑ布邊側在上面，進行車縫。
ⓒ安裝磁釦
ⓓ在包身上車縫固定。
直接裁剪
釦帶
裡布（正面）
・製作2片
⑤在包口進行車縫。
表布（正面）
＊完成尺寸 約44.5×50cm，側幅約5cm。

PART 5

整理小物的美麗好幫手

小巧收納包

本單元要介紹的隨身收納包，
不論是用來當包內的收納隔間，
或是收藏零散的小東西都很方便。
這樣的迷你包即使多幾個也無妨。
上面縫綴一些蕾絲、鈕釦當裝飾，
或是加個口袋、提把，
都能享受時尚搭配的樂趣。

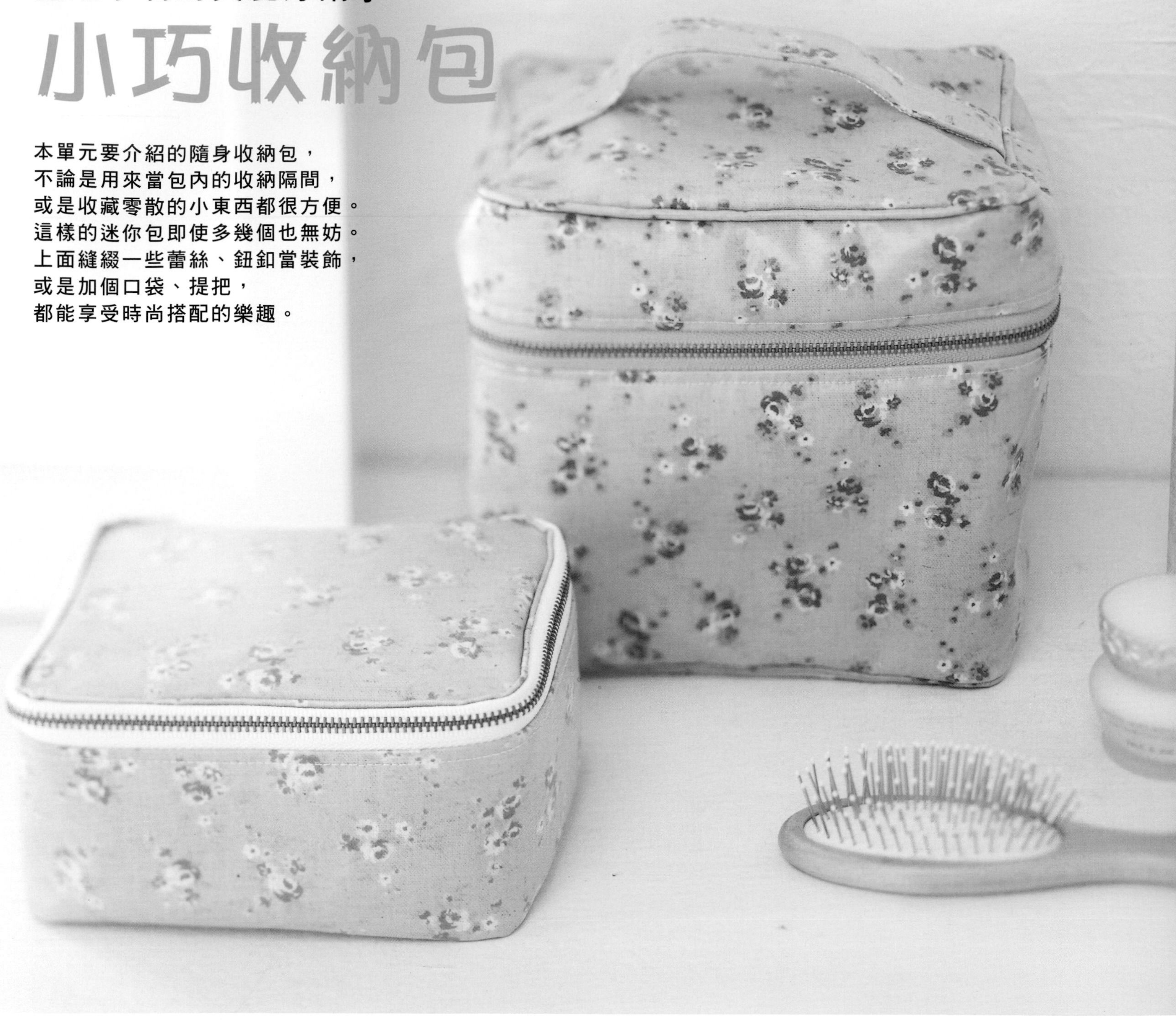

瓶瓶罐罐用這個就一目瞭然

小型化妝箱

新潟縣／渡邊あや子

深度夠的化妝箱適合用來收納化妝品或小東西。淺一點的隨身包則可以當攜帶用的化妝包或小物包使用。若是以防水布製作，更具有防水＆好清潔的效果。

焦點 1　收納有高度的瓶罐也沒問題

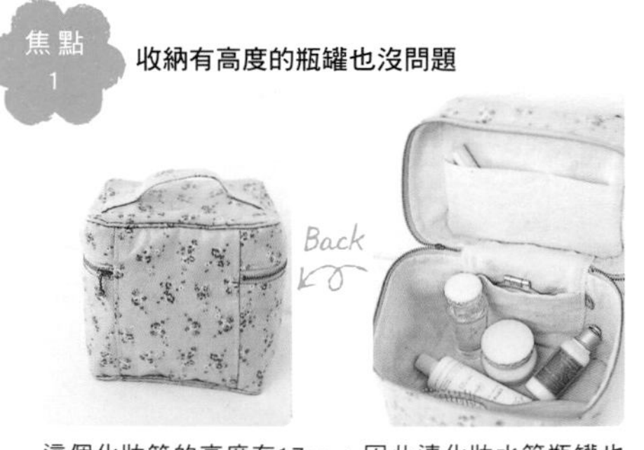
Back

這個化妝箱的高度有17cm，因此連化妝水等瓶罐也可以完全放入。內口袋則可以裝一些容易找不到的瑣碎小東西。

焦點 2　一片布也可作出立體外形

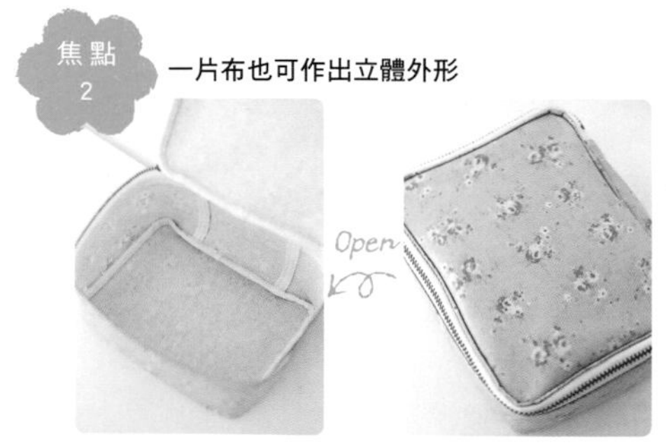
Open

若是以防水布製作，即使只用一片布也可作出立體外形，以滾邊來處理縫份，成品會更漂亮。

材料 表布・提把・寬2.6cm滾邊布110×50cm、裡布・口袋a・口袋b 70×40cm、寬3cm棉質織帶20cm、寬2cm蕾絲5cm、直徑0.2cm繩子130cm、46cm拉鍊1條。

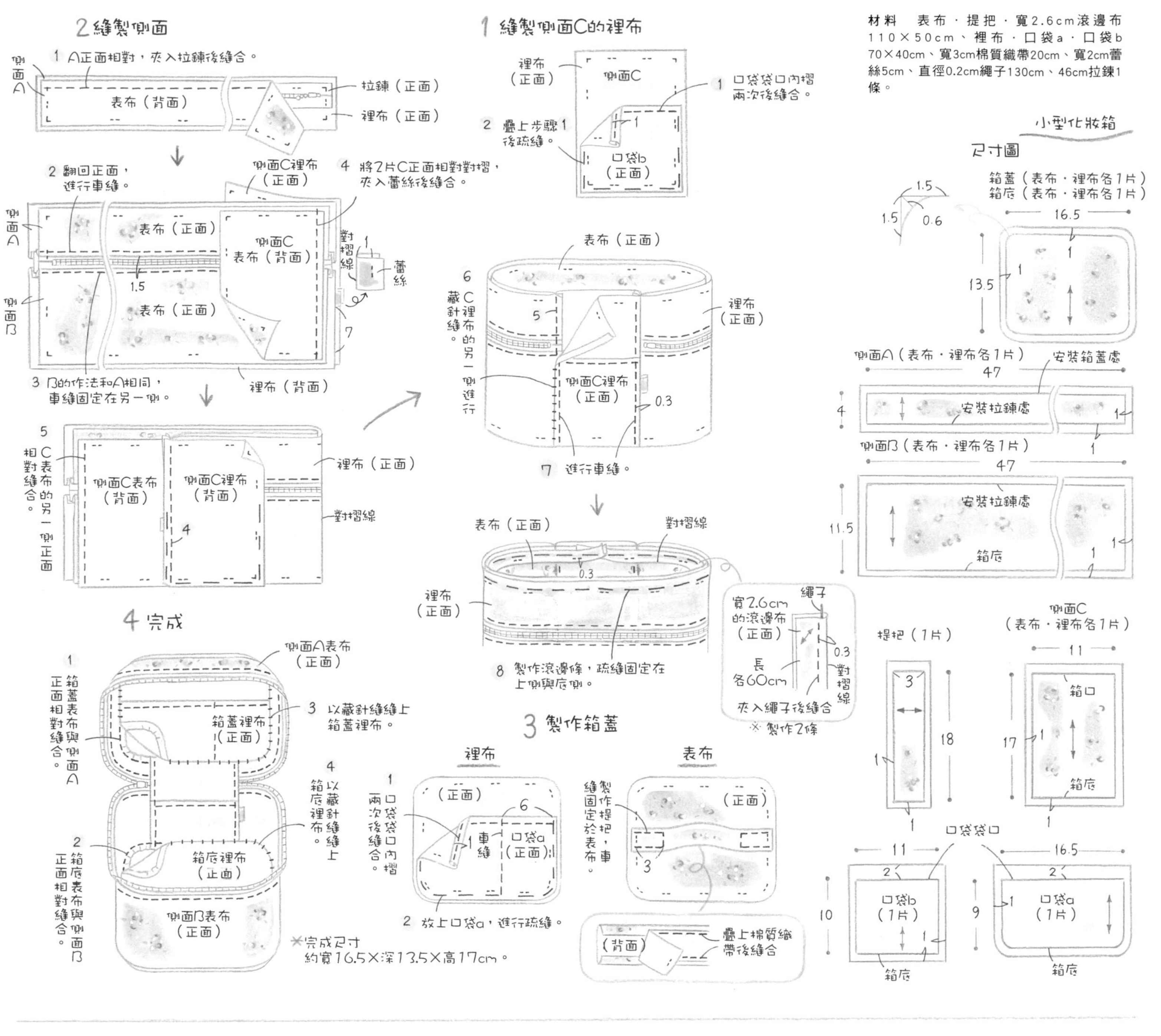

小型化妝箱
尺寸圖
箱蓋（表布・裡布各1片）
箱底（表布・裡布各1片）
側面A（表布・裡布各1片）
安裝箱蓋處
安裝拉鍊處
側面B（表布・裡布各1片）
箱底
提把（1片）
側面C（表布・裡布各1片）
箱口
口袋袋口
口袋b（1片）
口袋a（1片）
1 縫製側面C的裡布
側面C
裡布（正面）
1 口袋袋口內摺兩次後縫合。
2 疊上步驟1後疏縫。
口袋b（正面）
2 縫製側面
1 A正面相對，夾入拉鍊後縫合。
側面A
表布（背面）
拉鍊（正面）
裡布（正面）
2 翻回正面，進行車縫。
側面C裡布（正面）
4 將2片C正面相對對摺，夾入蕾絲後縫合。
表布（正面）
側面C 表布（背面）
對摺線
蕾絲
側面B
3 B的作法和A相同，車縫固定在另一側。
裡布（背面）
5 C表布的另一側相對縫合。
側面C表布（背面）
側面C裡布（背面）
裡布（正面）
對摺線
6 藏針縫C裡布的另一側進行
側面C裡布（正面）
7 進行車縫。
表布（正面）
對摺線
裡布（正面）
8 製作滾邊條，疏縫固定在上側與底側。
寬2.6cm的滾邊布（正面）
繩子
長各60cm
對摺線
夾入繩子後縫合
※製作2條
4 完成
1 箱蓋表布與側面A正面相對縫合。
側面A表布（正面）
3 以藏針縫縫上箱蓋裡布。
箱蓋裡布（正面）
4 以藏針縫縫上箱底裡布。
2 箱底表布與側面B正面相對縫合。
箱底裡布（正面）
側面B表布（正面）
※完成尺寸
約寬16.5×深13.5×高17cm。
3 製作箱蓋
裡布
1 口袋袋口內摺兩次後縫合。
（正面）
車縫
口袋a（正面）
2 放上口袋a，進行疏縫。
表布
製作提把，車縫固定於表布。
（正面）
（背面）
疊上棉質織帶後縫合

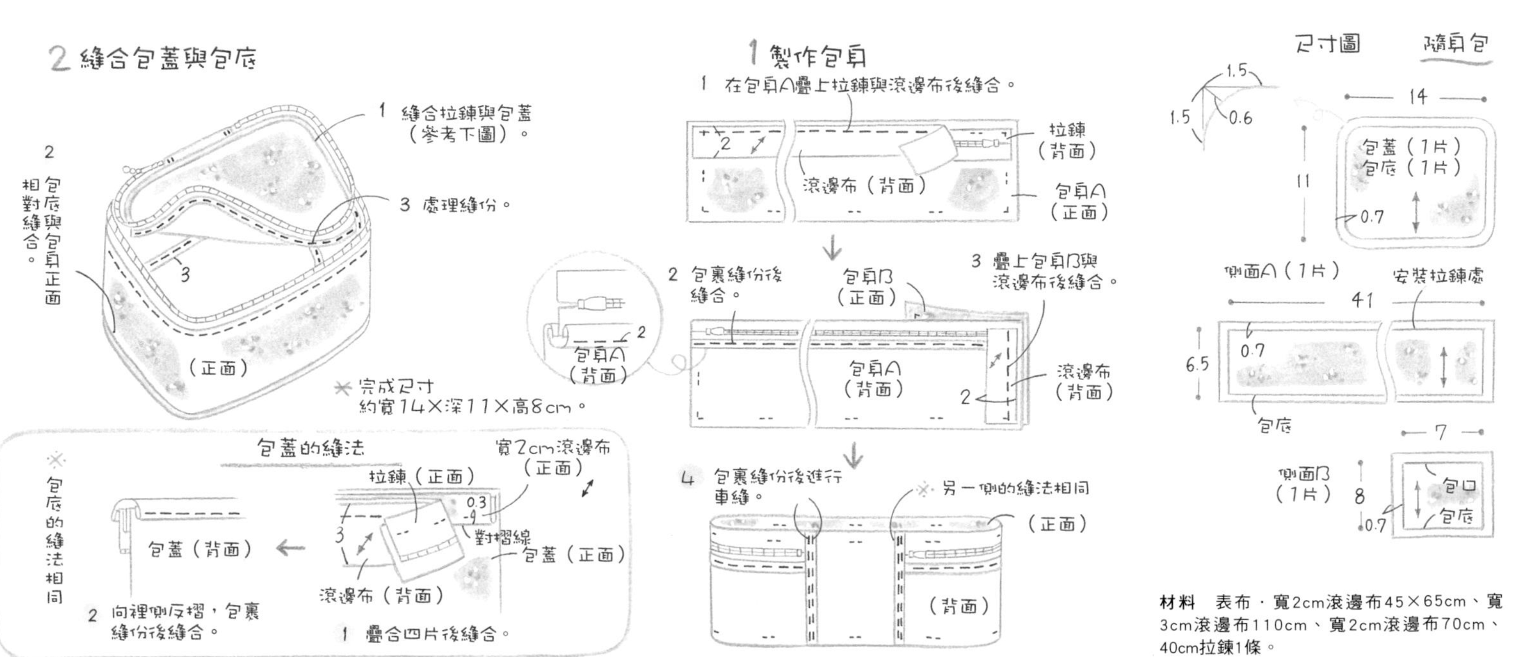

2 縫合包蓋與包底
1 縫合拉鍊與包蓋（參考下圖）。
2 包底與包身正面相對縫合。
3 處理縫份。
（正面）
＊完成尺寸
約寬14×深11×高8cm。
包蓋的縫法
※包底的縫法相同
拉鍊（正面）
寬2cm滾邊布（正面）
對摺線
包蓋（正面）
滾邊布（背面）
1 疊合四片後縫合。
包蓋（背面）
2 向裡側反摺，包裹縫份後縫合。
1 製作包身
1 在包身A疊上拉鍊與滾邊布後縫合。
拉鍊（背面）
滾邊布（背面）
包身A（正面）
2 包裹縫份後縫合。
包身B（正面）
3 疊上包身B與滾邊布後縫合。
包身A（背面）
滾邊布（背面）
4 包裹縫份後進行車縫。
※另一側的縫法相同
（正面）
（背面）
尺寸圖
隨身包
包蓋（1片）
包底（1片）
側面A（1片）
安裝拉鍊處
包底
側面B（1片）
包口

材料 表布・寬2cm滾邊布45×65cm、寬3cm滾邊布110cm、寬2cm滾邊布70cm、40cm拉鍊1條。

令人愉悅的夏威夷風拼布

貝殼化妝包

ステラ

這個化妝包上的拼布圖案是一隻海龜在眺望彩虹的樣子。在小海龜周圍進行了多層壓縫，作成夏威夷風格。既然是夏威夷風拼布，鮮豔的配色也是注目的焦點。

焦點！ 包身內側也是夏威夷風格

由於化妝包的包口很大，因此裡布的布料也很講究。即使被看見也很漂亮。

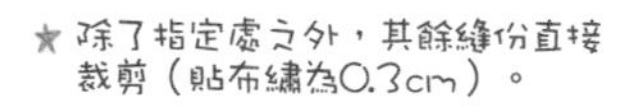

★除了指定處之外，其餘縫份直接裁剪（貼布繡為0.3cm）。

3 完成

裡布覆蓋在表布上，以藏針縫將裡布的包口縫在拉鍊上

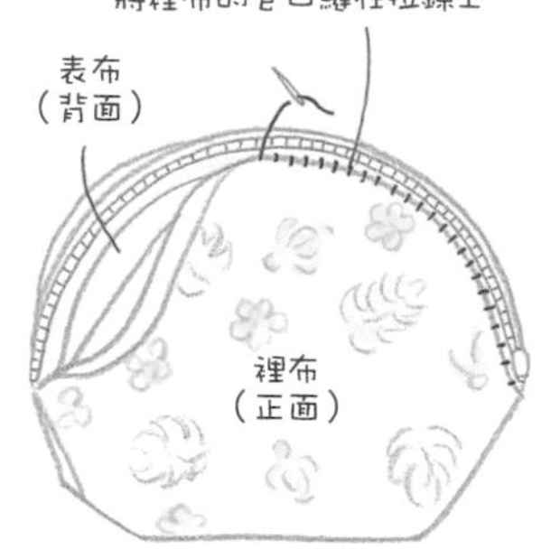

表布
（背面）
裡布
（正面）

＊完成尺寸
約16×12cm，側幅約8cm。

原寸紙型　D面

材料　表布・滾邊布90×90cm、裡布25×45cm、襯布25×45cm、4種貼布繡用布、棉襯25×45cm、30cm拉鍊1條。

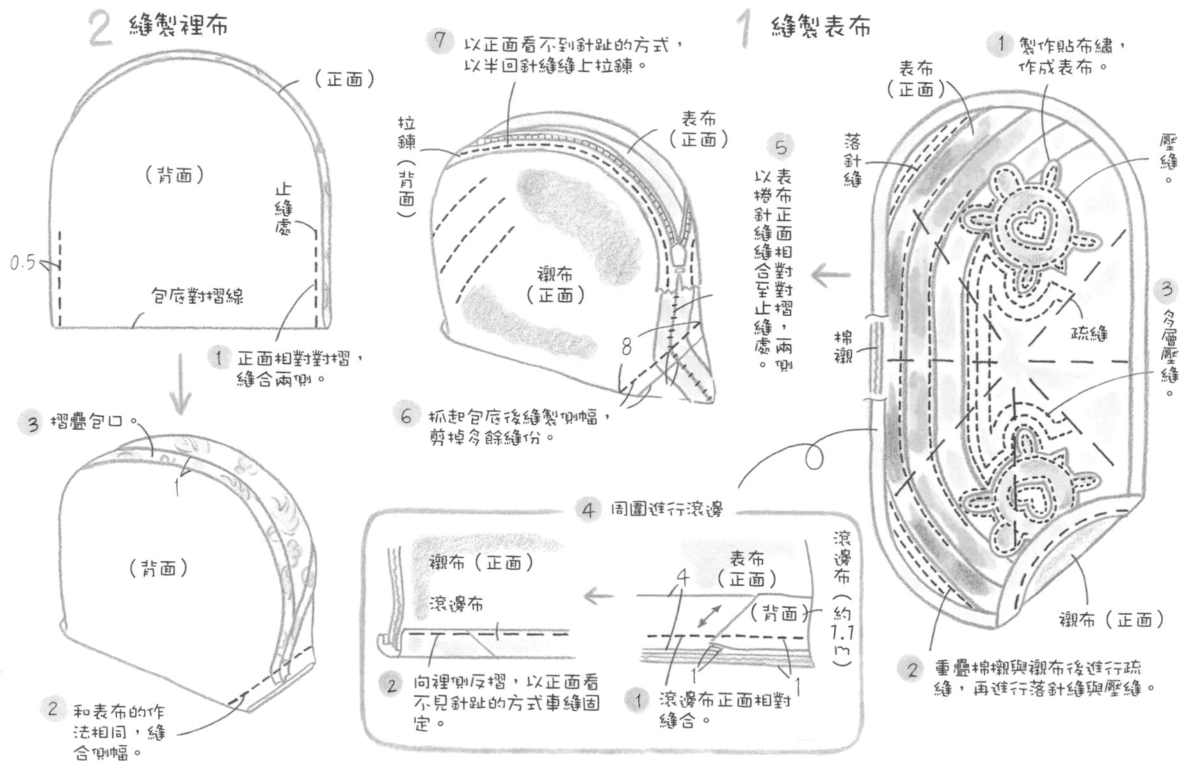

2 縫製裡布
（正面）
（背面）
止縫處
0.5
包底對摺線
1 正面相對對摺，縫合兩側。
3 摺疊包口。
1
（背面）
2 和表布的作法相同，縫合側幅。
7 以正面看不到針趾的方式，以半回針縫縫上拉鍊。
拉鍊（背面）
表布（正面）
襯布（正面）
8
6 抓起包底後縫製側幅，剪掉多餘縫份。
1 縫製表布
1 製作貼布繡，作成表布。
表布（正面）
落針縫
壓縫。
5 以表布正面相對對摺，兩側以捲針縫縫合至止縫處。
3 多層壓縫。
疏縫
棉襯
4 周圍進行滾邊
襯布（正面）
滾邊布
表布（正面）
（背面）
滾邊布（約1.1m）
4
1
2 向裡側反摺，以正面看不見針趾的方式車縫固定。
1 滾邊布正面相對縫合。
襯布（正面）
2 重疊棉襯與襯布後進行疏縫，再進行落針縫與壓縫。

方便將首飾帶著走的

首飾包

埼玉縣／稻村和子

這個附有小型分類口袋、固定帶的迷你包，很適合用來收納一些容易不見的小飾品，是女性一定要有的收納包。以蕾絲、刺繡裝飾的外觀，看起來相當雅緻。

Open

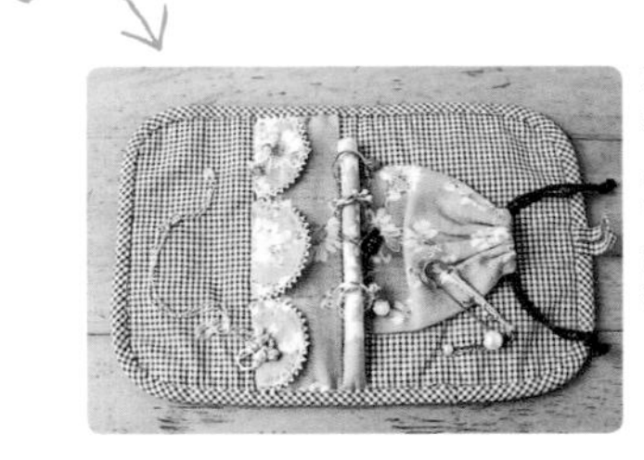

項鍊、戒指等容易不見的小首飾，放入附蓋子的口袋中。胸針、髮飾等大一點的飾品，則裝入束口袋中。

原寸紙型　C面

材料　裡布・布環・滾邊布70×70cm、束口袋布・口袋・包蓋・戒指固定帶・拼布用布40×35cm、2種拼布用布、棉襯20×35cm、寬0.9cm蕾絲35cm、寬0.8cm蕾絲30cm、直徑0.3cm圓繩60cm、直徑1.8cm鈕釦1個、直徑0.6cm四合釦1組、25號繡線。

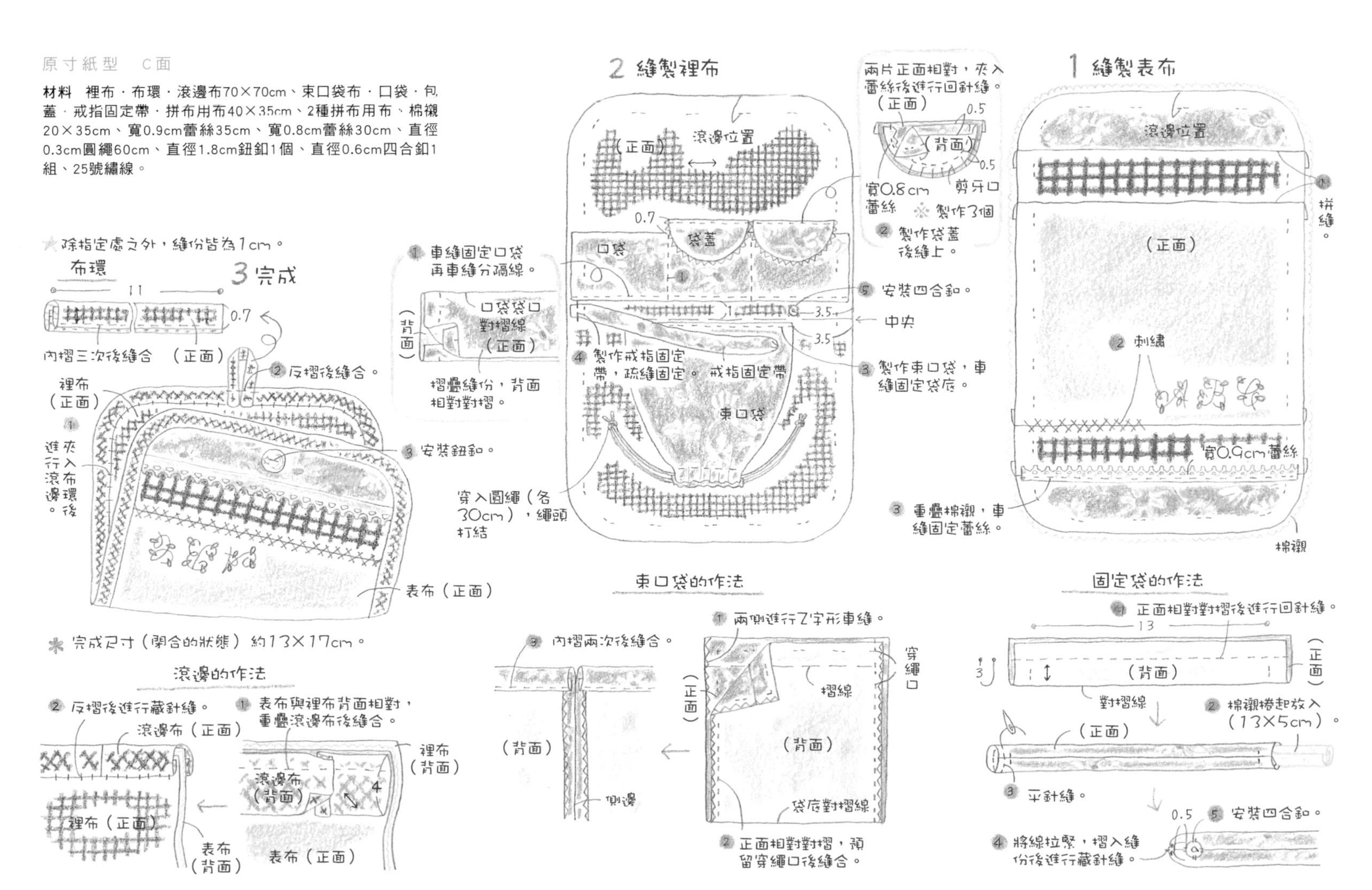

★除指定處之外，縫份皆為1cm。
布環
11
0.7
內摺三次後縫合
（正面）
3 完成
②反摺後縫合。
裡布（正面）
①進行夾入滾布邊環後
③安裝鈕釦。
表布（正面）
✽完成尺寸（閉合的狀態）約13×17cm。
滾邊的作法
②反摺後進行藏針縫。
滾邊布（正面）
裡布（正面）
表布（背面）
①表布與裡布背面相對，重疊滾邊布後縫合。
滾邊布（背面）
裡布（背面）
4
表布（正面）
2 縫製裡布
①車縫固定口袋再車縫分隔線。
（背面）
口袋袋口對摺線
（正面）
摺疊縫份，背面相對對摺。
（正面）
滾邊位置
0.7
口袋
袋蓋
④製作戒指固定帶，疏縫固定。
戒指固定帶
束口袋
穿入圓繩（各30cm），繩頭打結
兩片正面相對，夾入蕾絲後進行回針縫。
（正面）
0.5
（背面）
0.5
寬0.8cm蕾絲
剪牙口
✽製作3個
②製作袋蓋後縫上。
⑤安裝四合釦。
3.5
3.5
中央
③製作束口袋，車縫固定袋底。
1 縫製表布
滾邊位置
①拼縫。
（正面）
②刺繡
寬0.9cm蕾絲
③重疊棉襯，車縫固定蕾絲。
棉襯
束口袋的作法
③內摺兩次後縫合。
①兩側進行ㄈ字形車縫。
穿繩口
（正面）
摺線
（背面）
（背面）
側邊
袋底對摺線
②正面相對對摺，預留穿繩口後縫合。
固定袋的作法
①正面相對對摺後進行回針縫。
13
3
（背面）
（正面）
對摺線
②棉襯捲起放入（13×5cm）。
（正面）
③平針縫。
0.5
⑤安裝四合釦。
④將線拉緊，摺入縫份後進行藏針縫。

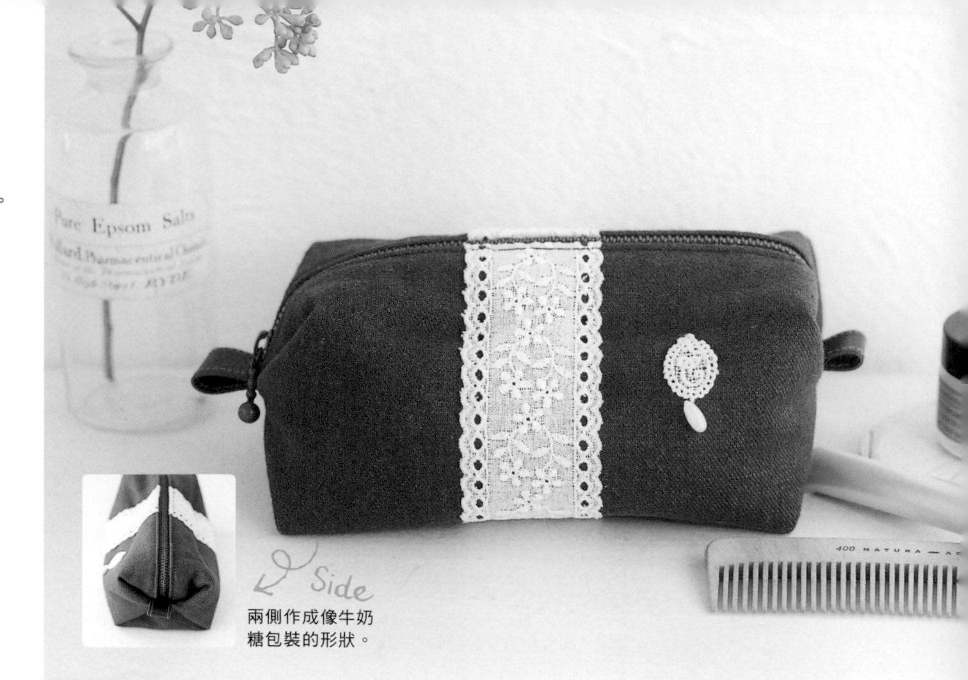

Pure Epsom Salts
Side

兩側作成像牛奶糖包裝的形狀。

長形物品也可輕鬆收納

牛奶糖迷你包

埼玉縣／龜之谷敏子

圓滾滾又令人愛不釋手的牛奶糖造型。深咖啡搭配白色蕾絲的組合，形成高雅的外觀。安裝在兩端的垂片，讓拉鍊更順利的拉開、關上。

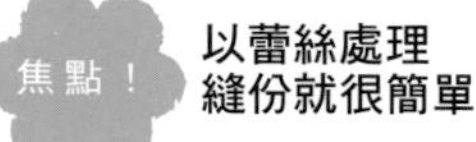

焦點！
以蕾絲處理縫份就很簡單

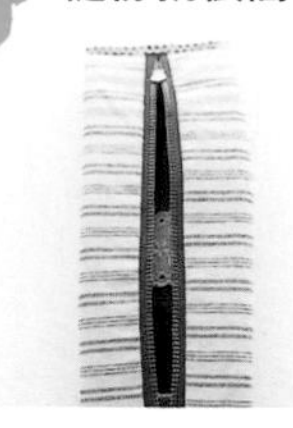

如果以蕾絲來滾邊，不但能簡單完成內側縫份的處理，還能裝飾得更可愛。

材料　表布25×35cm、裡布25×35cm、棉襯25×35cm、寬4cm蕾絲35cm、寬2cm蕾絲25cm、寬2cm皮革帶15cm、裝飾蕾絲1片、串珠1個、20cm拉鍊1條。

★皆加上縫份1cm。

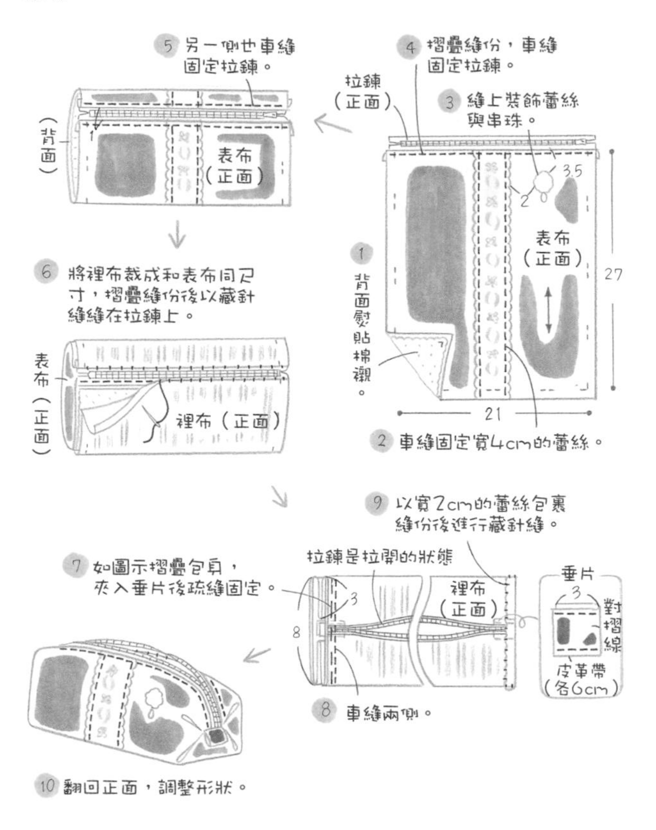

1 背面燙貼棉襯。
2 車縫固定寬4cm的蕾絲。
3 縫上裝飾蕾絲與串珠。
4 摺疊縫份，車縫固定拉鍊。
拉鍊（正面）
表布（正面）
27
21
3.5
2
5 另一側也車縫固定拉鍊。
（背面）
表布（正面）
6 將裡布裁成和表布同尺寸，摺疊縫份後以藏針縫縫在拉鍊上。
表布（正面）
裡布（正面）
7 如圖示摺疊包身，夾入垂片後疏縫固定。
拉鍊呈拉開的狀態
裡布（正面）
8
3
8 車縫兩側。
9 以寬2cm的蕾絲包裹縫份後進行藏針縫。
垂片
對摺線
皮革帶（各6cm）
10 翻回正面，調整形狀。

＊完成尺寸約6×14.5cm，側幅約8cm。

當裝飾也很可愛的洋梨包

迷你套疊包

埼玉縣／竹內摩弓

形狀獨特的迷你包，純粹拿來觀賞也很有趣。由於有三種尺寸，所以可以配合不同用途，也可當作親子包使用。

不用時可以套收起來

拉開後側的拉鍊，就可以依尺寸大小收納。將洋梨的枝葉車縫固定在包身上，要從包包取出時就能當提把使用。

★除指定處之外，縫份皆為1cm。

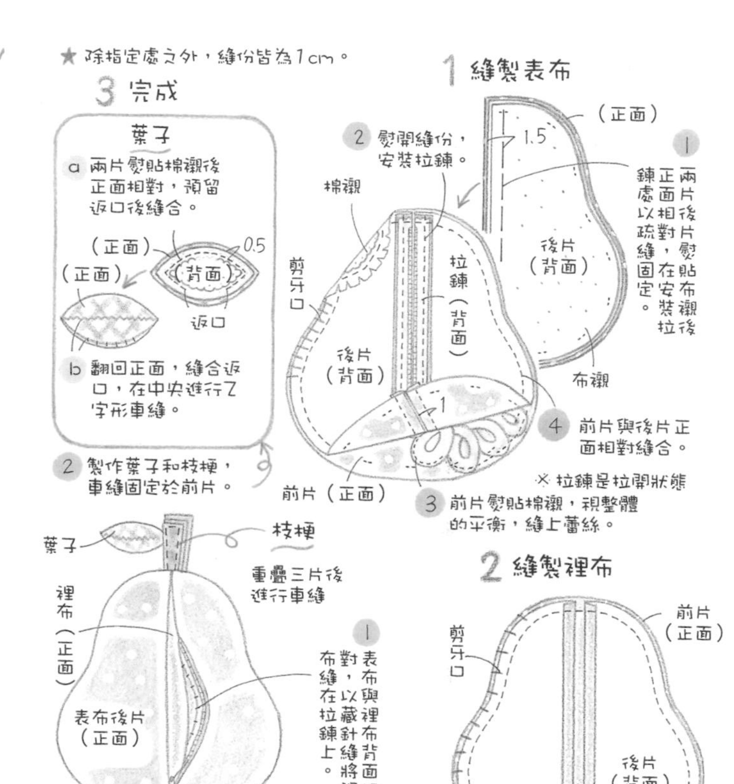

1 縫製表布
（正面）
1.5
1 鍊處以疏縫固定。正面相對，兩片後片貼安裝拉鍊後，燙上布襯
後片（背面）
布襯
2 燙開縫份，安裝拉鍊。
棉襯
剪牙口
拉鍊（背面）
後片（背面）
4 前片與後片正面相對縫合。
※拉鍊呈拉開狀態
前片（正面）
3 前片燙貼棉襯，視整體的平衡，縫上蕾絲。
3 完成
葉子
a 兩片燙貼棉襯後正面相對，預留返口後縫合。
（正面）
（正面）
（背面）
0.5
返口
b 翻回正面，縫合返口，在中央進行Z字形車縫。
2 製作葉子和枝梗，車縫固定於前片。
葉子
枝梗
重疊三片後進行車縫
裡布（正面）
表布後片（正面）
1 將裡布與表布對齊，在拉鍊背面以藏針縫縫上裡布。
2 縫製裡布
剪牙口
前片（正面）
後片（背面）

＊完成尺寸　約27×21cm。

摺疊後片安裝拉鍊處的縫份與前片正面相對縫合

材料（大）　表布60×30cm、裡布55×30cm、葉片用布15×10cm、枝梗用不織布、棉襯30×30cm、布襯30×30cm、領片蕾絲、23cm拉鍊1條。

原寸紙型　D面

不論有幾個還是想要！
時髦又便利的

口金包

圓鼓鼓外形的口金包令人愛不釋手。
乍看之下，會覺得安裝口金好像很難，
但本單元將介紹可以解決這種煩惱，
連新手都很容易理解的口金包作法。

作品．作法指導／
鈴木Hukue（Little Marvel）

正好可握在手裡

基本款

這是以黃底白色小鴨圖案布料所製作的基本款口金包。配合金黃色的口金與天鵝吊飾，更提升口金包的時尚感。完成尺寸約7.5×9cm。

原寸紙型　C面

製作口金包必備的工具與材料

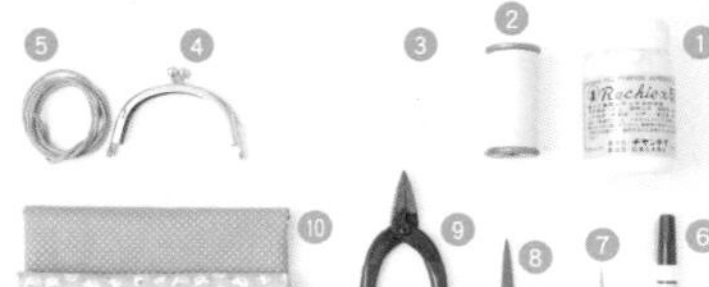
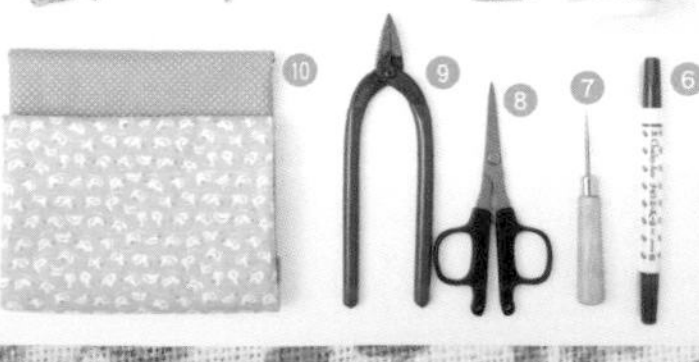

①手工藝用黏著劑（水性）　②縫線
③紙型　④口金（寬7cm×高5.5cm）
⑤紙繩　⑥粉土筆　⑦錐子　⑧剪刀
⑨鉗子　⑩表布．裡布各25×15cm

立刻試作基本款的口金包吧！

作記號

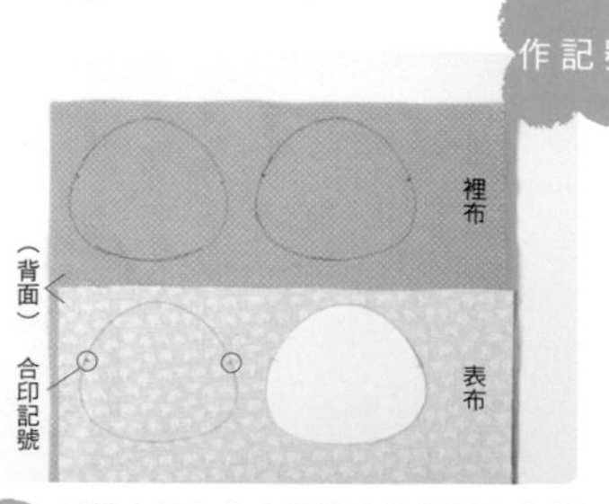
裡布
（背面）
合印記號
表布

1 以粉土筆在表布與裡布的背面畫出紙型（各2片）。別忘了加上開口止縫處的合印記號。

剪裁

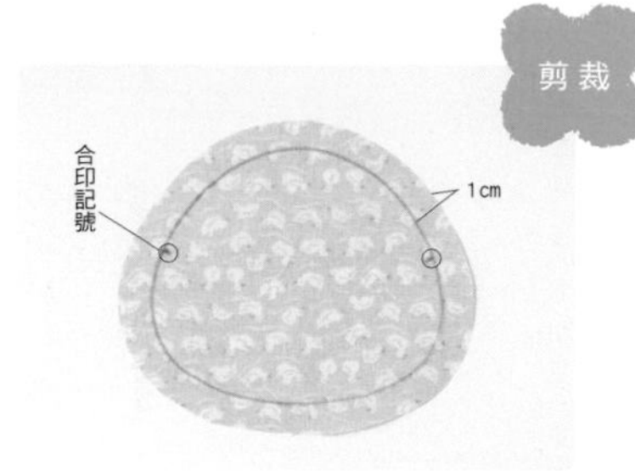
合印記號
1cm

2 在布上加1cm的縫份後進行裁剪。

縫製包身

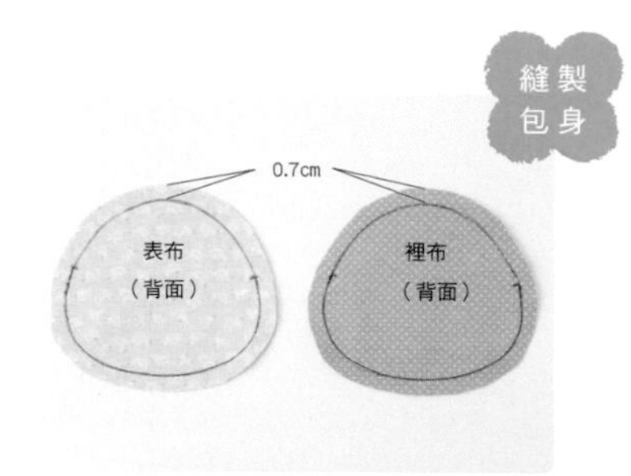
0.7cm
表布
（背面）
裡布
（背面）

3 2片表布與裡布分別正面相對，從開口止縫處縫至開口止縫處。縫份修剪成0.7cm。

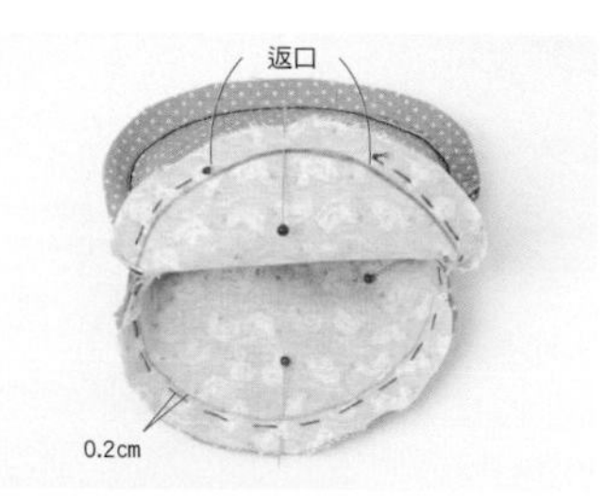
返口
0.2cm

4 表布（黃色）翻回正面。裡布（茶色）不翻面，與表布正面相對重疊，以珠針固定。預留返口，在距離完成線外0.2cm處進行疏縫。

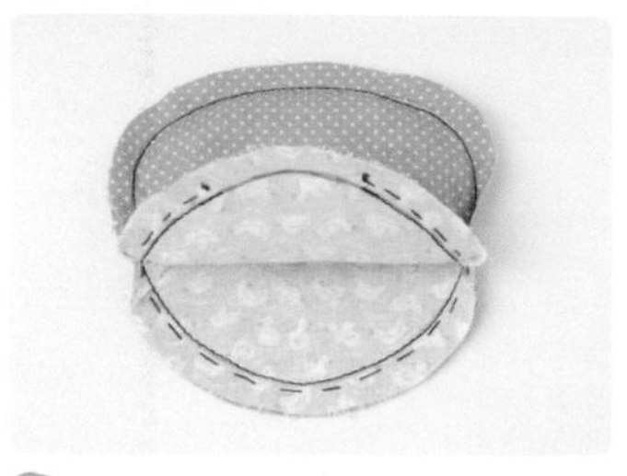

5 預留返口，縫合包口。

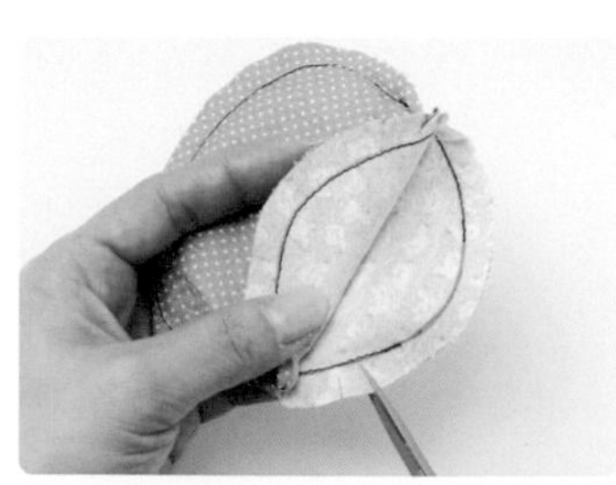

6 拆掉疏縫線，在縫份上剪牙口。能否作出漂亮的曲線，會影響到包包完成的樣子。

7 從返口翻回正面，以藏針縫縫合返口。以熨斗整燙外形，並且在包口周邊車縫一圈。

安裝口金

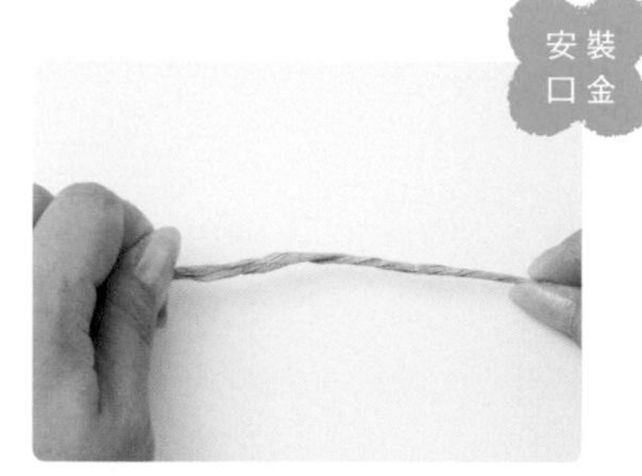

8 由於塞入口金的紙繩，多半搓揉得很緊實，所以要先輕輕地轉鬆。紙繩轉鬆一點才會有厚度，因而容易塞入口金中。

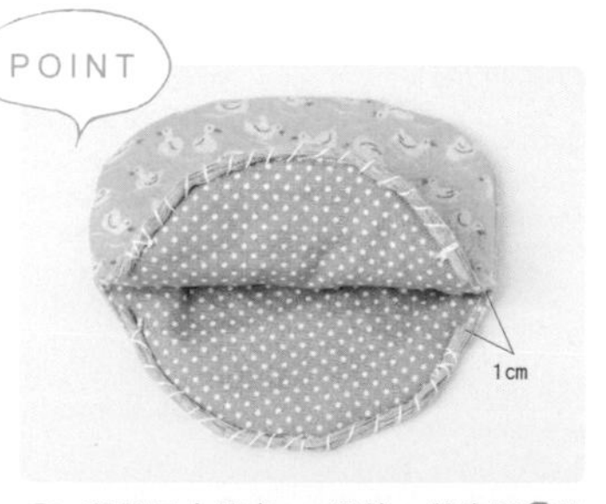
POINT
1cm

9 距開口止縫處1cm開始，將步驟8的紙繩以捲針縫縫在步驟7的裡布包口邊上。如此才能有效率地將紙繩順利塞入口金中。實際上也只須將縫有紙繩的部分塞入口金裡。

10 以錐子的尖端沾取黏著劑，塗抹在口金的溝槽中。要注意，黏著劑不要塗得太多。

POINT

11 先對齊裡布和口金的中心，以錐尖將布填入。然後錐子往左、右移動，分別將布塞入，而且要均勻。

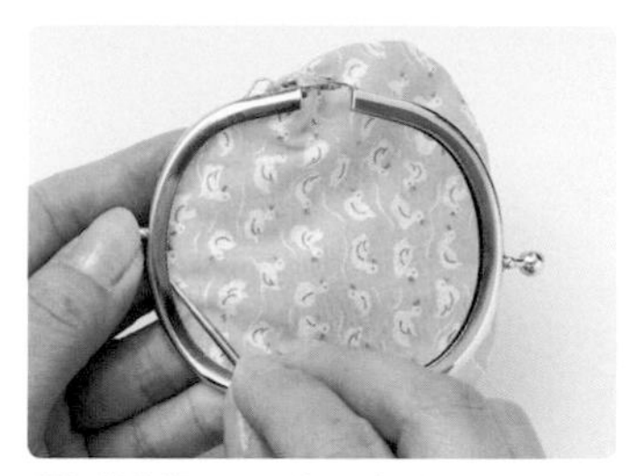

12 製作期間要一邊從外側檢視，一邊以錐子作調整，口金就能漂亮地安裝在包口上。

POINT

13 將布塞入口金後，一定要檢查內側的口金與布之間。若有少許的空隙，就要再塞入另一條紙繩。

14 在內側的口金溝槽中薄薄地抹一層黏著劑。

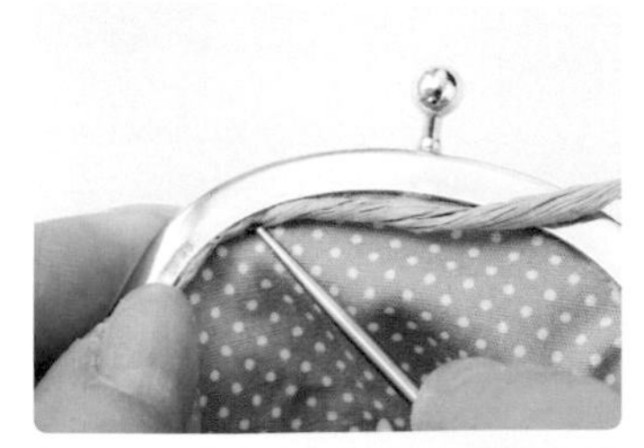

15 在口金邊緣以錐子塞入稍微轉鬆的紙繩。另一側也同樣塞入紙繩。將口金的溝槽填滿，口金就能穩穩固定。

16 當邊端擠出多餘的黏著劑時，以錐尖小心去除。

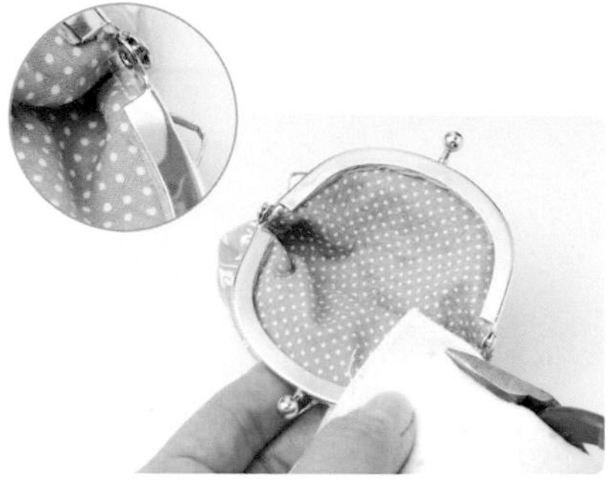

17 以鉗子輕輕將口金的側邊夾緊固定。夾的時候，為了避免刮傷口金，要墊一塊布。

18 進行最後的整理。手伸入內側漂亮地弄出側幅，調整形狀。然後從外側用手抓出固定的外形，以免側幅塌陷。

完成

口金安裝完成。最後依個人的喜好，縫上小鈕釦，安裝吊飾，作出具個人風格的口金包。

為讓讀者容易了解說明，更改了圖中部分的縫線顏色。實際製作時，請選擇和布料相配的顏色。

塑膠口金×小碎花

普普風口金包

這是麥芽糖色的口金搭配美國棉花布作成的口金包。以塑膠的透明感來調合氛圍，使口金包的感覺不至於太過甜膩。

完成尺寸約10×14cm。

原寸紙型 C面

包口加上褶襉作出蓬鬆外形

如果在包口加上褶襉，外形就變蓬鬆。由於口金的溝槽很深，因此以厚布料製作也沒關係。裡布使用普普風的紅色圓點布，打開也很賞心悅目。

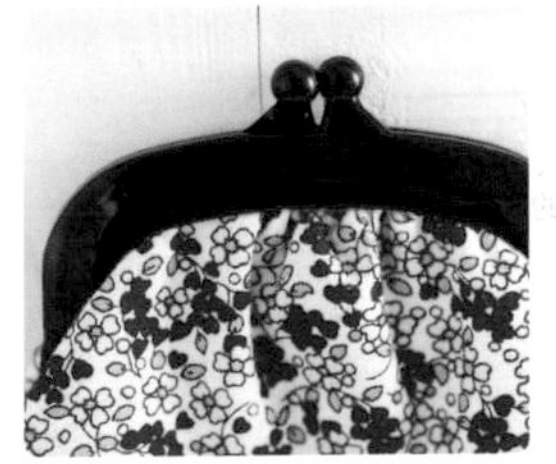

POINT

口金的溝槽很深時，一開始就要加上兩條紙繩進行捲針縫。由於褶襉處會有厚度，因此除了褶襉處之外都要加上紙繩。

改變口金的
顏色・外形・素材
設計款

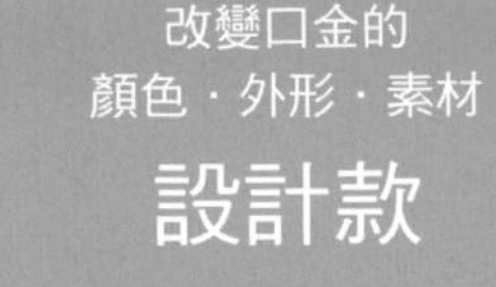

古典風口金×裝飾蕾絲

古典口金包

在充滿自然風味的包身上安裝高雅設計的口金，便完成百看不厭的口金包。

完成尺寸約9×橫長15cm、約2cm。

原寸紙型 C面

EXTRAIT DE PARFUM
FRAISE
PERFUME EXTRACT

轉釦的高雅設計令人注目

這款方形口金包的設計重點在口金的轉釦，由於口金可打開近180度，所以很容易拿取東西。裡布使用條紋布，布料的顏色和包身是同色系，因此即使花紋不同也具有統一感。

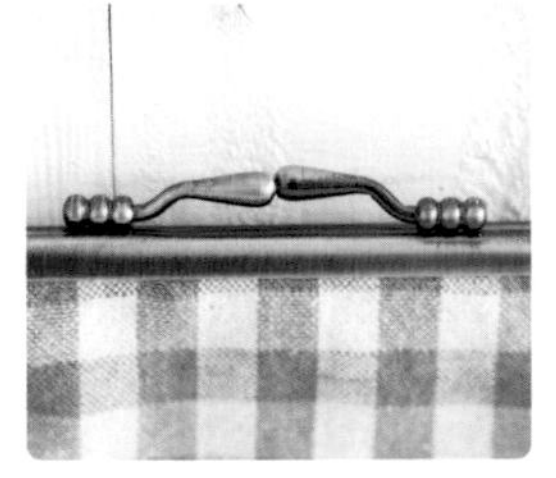

氣球形

在包口作褶襉，就會變得圓膨膨。由於縫製了圓形包底，所以容量比看起來大很多。

縱長形

這種縱長形的口金包，很推薦當成隨身攜帶的針線包使用。若加上布襯還可以補強布的耐用度。完成尺寸約8.5×7.5cm。

氣球形口金的作法

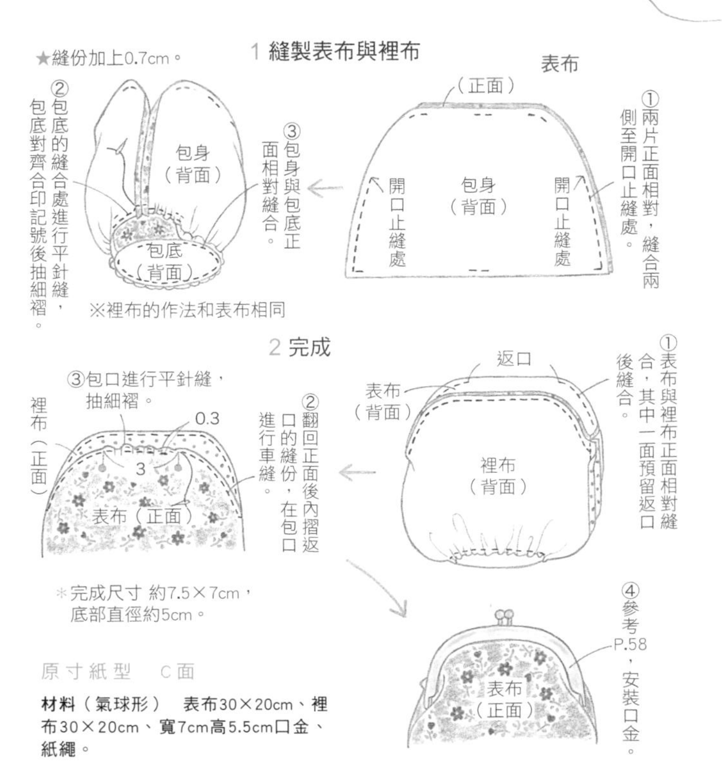

★縫份加上0.7cm。
1 縫製表布與裡布
表布
（正面）
①兩片正面相對，縫合兩側至開口止縫處。
開口止縫處
包身（背面）
開口止縫處
③包身與包底正面相對縫合。
包身（背面）
包底（背面）
②包底的縫合處進行平針縫，包底對齊合印記號後抽細褶。
※裡布的作法和表布相同
2 完成
①表布與裡布正面相對縫合，其中一面預留返口後縫合。
返口
表布（背面）
裡布（背面）
②翻回正面後內摺返口的縫份，在包口進行車縫。
③包口進行平針縫，抽細褶。
0.3
3
裡布（正面）
表布（正面）
＊完成尺寸 約7.5×7cm，底部直徑約5cm。
④參考P.58，安裝口金。
表布（正面）

原寸紙型 C面

材料（氣球形） 表布30×20cm、裡布30×20cm、寬7cm高5.5cm口金、紙繩。

加上許多褶襉變得俏皮可愛

六角拼布口金包

千葉縣／榊原幸子

這個口金包最大的特色就是在六角形拼布繡上可愛的冰淇淋圖案，並進行貼布繡。若加裝飾有木珠的麻繩提把，也可以當作迷你提包使用。

原寸紙型　C面

材料　表布30×40cm、裡布30×40cm、拼布用布、棉襯30×40cm、寬15cm口金、提把用麻繩0.7×50cm、直徑1.2cm木珠2個、25號繡線。

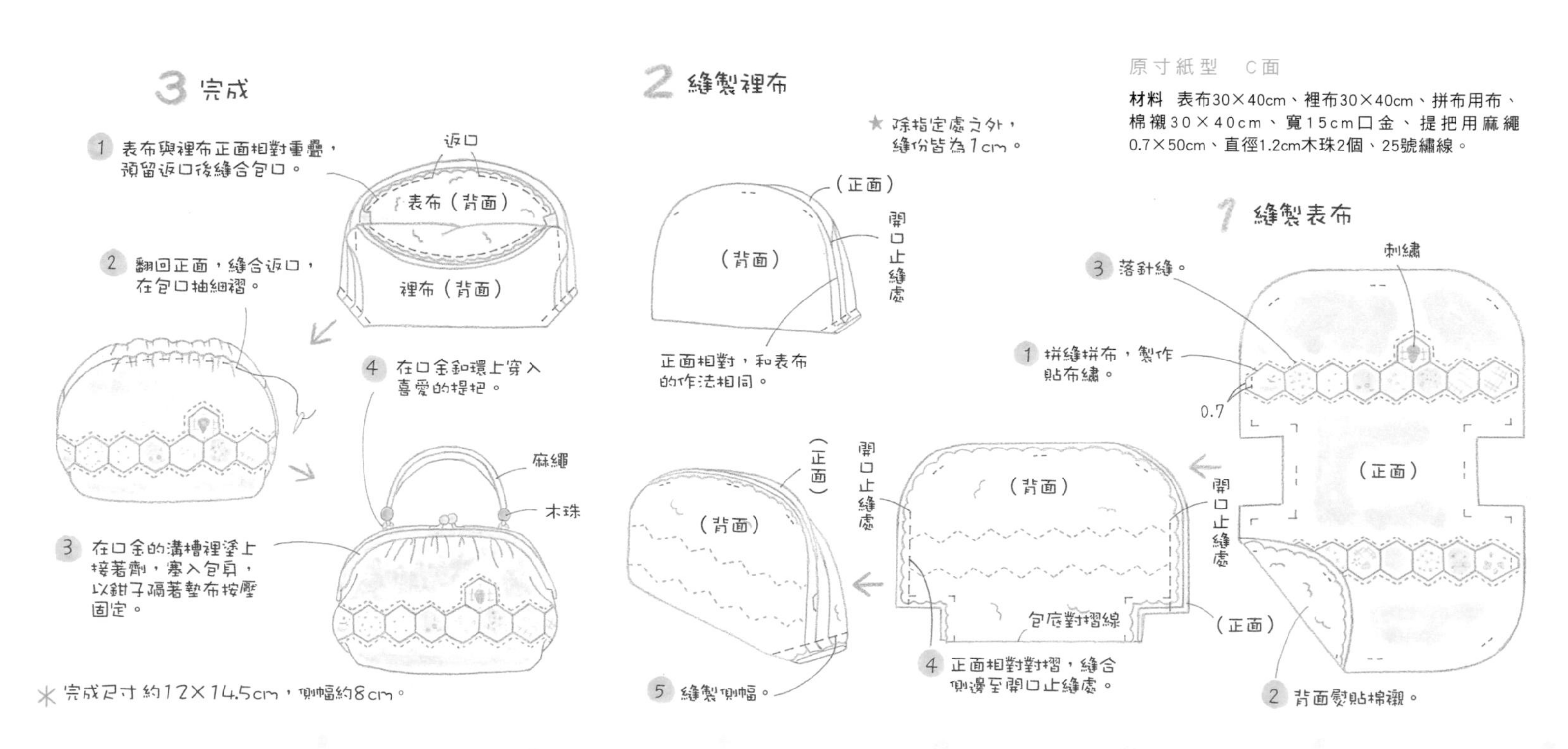

1 縫製表布
3 落針縫。
刺繡
1 拼縫拼布，製作貼布繡。
0.7
（正面）
開口止縫處
（正面）
2 背面燙貼棉襯。
2 縫製裡布
★除指定處之外，縫份皆為1cm。
（正面）
開口止縫處
（背面）
正面相對，和表布的作法相同。
（背面）
（正面）
開口止縫處
包底對摺線
4 正面相對對摺，縫合側邊至開口止縫處。
5 縫製側幅。
3 完成
1 表布與裡布正面相對重疊，預留返口後縫合包口。
返口
表布（背面）
裡布（背面）
2 翻回正面，縫合返口，在包口抽細褶。
4 在口金釦環上穿入喜愛的提把。
麻繩
木珠
3 在口金的溝槽裡塗上接著劑，塞入包身，以鉗子隔著墊布按壓固定。
＊完成尺寸約12×14.5cm，側幅約8cm。

一看就懂！Step by Step的
手作包基本課

即使是新手，
也可以簡單完成！

雖然想製作包包，卻不太清楚縫紉機的用法或裁縫用語……
或是想要再次從基礎重新來過的人，一定要看！
首先，以最基本的提包作法一步步詳細解說。
可以輕鬆放入A4尺寸的托特包，無論小孩上學、大人上班或外出時都適用。
由於其形式不分年齡皆可使用，因此只要有一個就會很方便。
內容中介紹的善用布料的點子及小訣竅，更是不能錯過喔！

作品・作法指導／南雲久美子

Open

以兩片布縫製而成，所以不必處理布邊

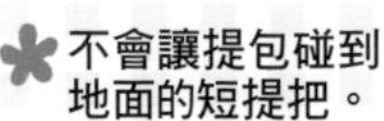

不會讓提包碰到地面的短提把。

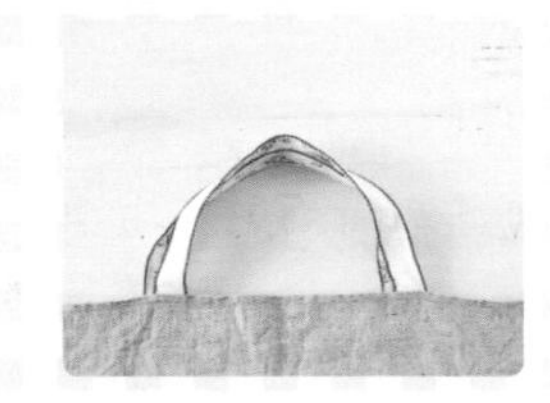

安裝四合釦，以免裡面的東西掉出來

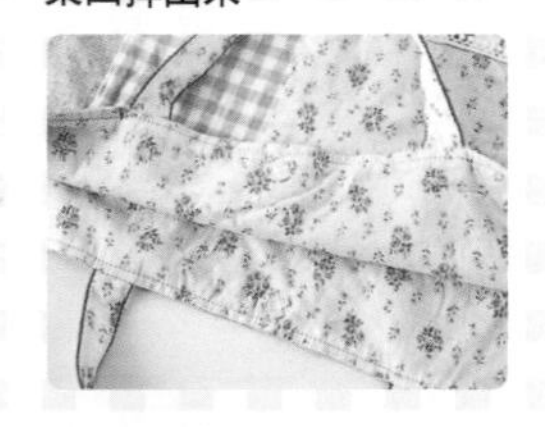

設計了許多
小孩也適合
使用的功
能！

1 在布上作記號・裁布

❷加上指定的縫份（＊1）後裁剪。剪刀緊貼著工作桌，順著桌面往前滑動裁布。

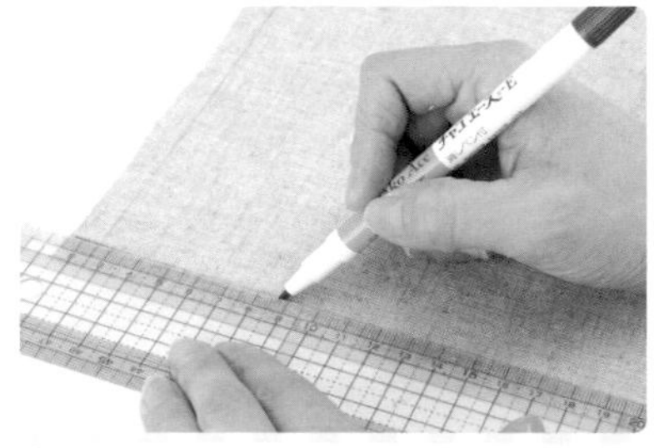

❶在布上作記號，為了將布裁成方形，請將方格尺沿著布紋放置，畫上記號。

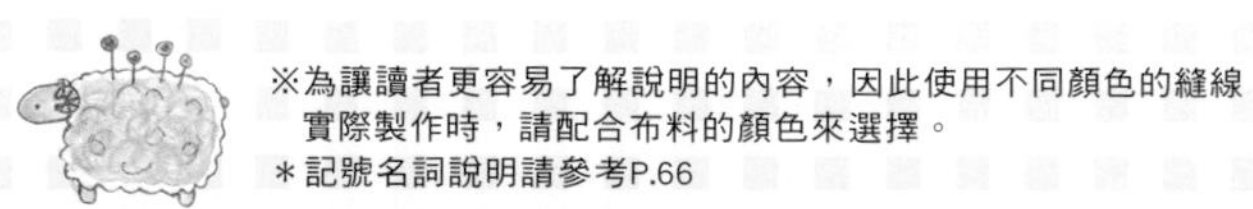

※為讓讀者更容易了解說明的內容，因此使用不同顏色的縫線。
實際製作時，請配合布料的顏色來選擇。
＊記號名詞說明請參考P.66

材料 亞麻布（表布、外口袋裡布、內口袋）・印花布（裡布、外口袋表布a、提把裡布）各110×70cm、亞麻格紋布（外口袋表布b）20×10cm、大格紋布（外口袋表布c）15×25cm、寬2.5cm亞麻織帶70cm、寬1cm蕾絲20cm、四合釦（大）直徑1.5cm・（小）直徑1.3cm各1組、裝飾鈕釦1個。

•POINT•
由於亞麻布洗過後會縮皺，所以一開始要先進行整燙。以噴水器撒水或是下水晾乾，再以熨斗燙平。

尺寸圖（除指定處外，加上1cm的縫份後剪裁）

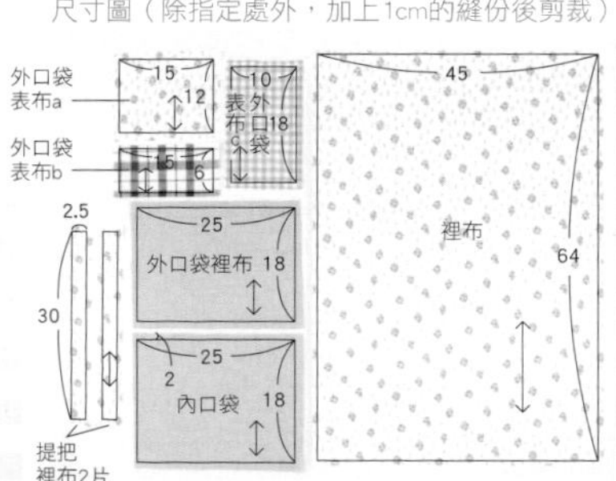
外口袋表布a
15
12
10
表布外口袋
18
外口袋表布b
6
2.5
25
外口袋裡布 18
30
25
2
內口袋 18
提把裡布2片
45
裡布
64

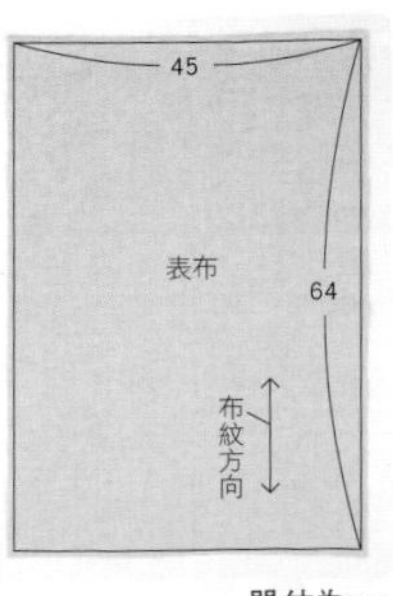
45
表布
64
布紋方向

單位為cm

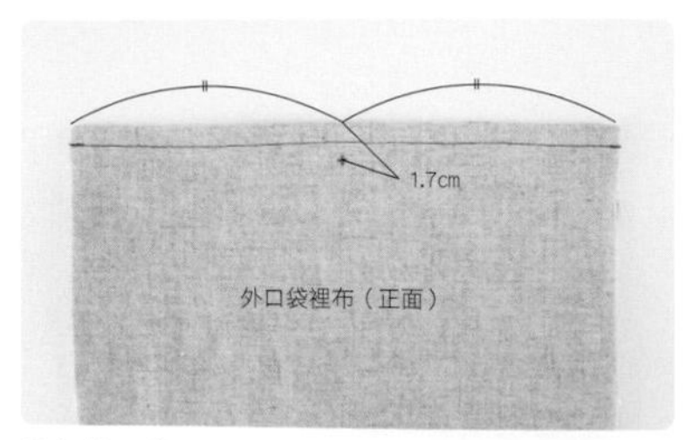
1.7cm
外口袋裡布（正面）

⓫在外口袋裡布的中央、距口袋袋口1.7cm處作記號。

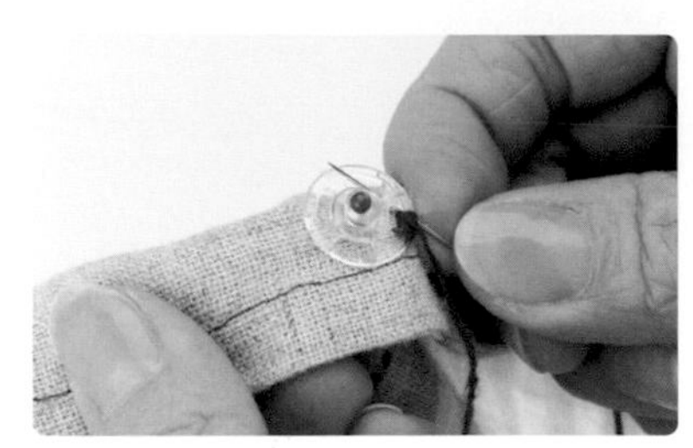

⓬在記號處配合四合釦小凸面的中心，手縫固定。將珠針刺入中心的孔洞中，縫好一處時拔掉珠針，然後縫合剩下的三處。

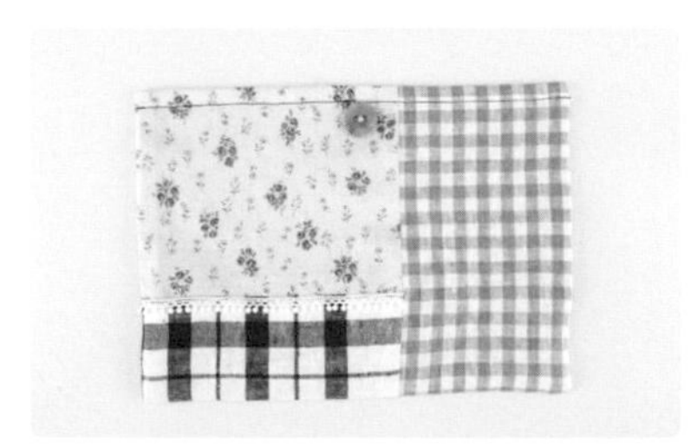

⓭對應外口袋裡布的四合釦位置，取2股線在表布縫上裝飾鈕釦。

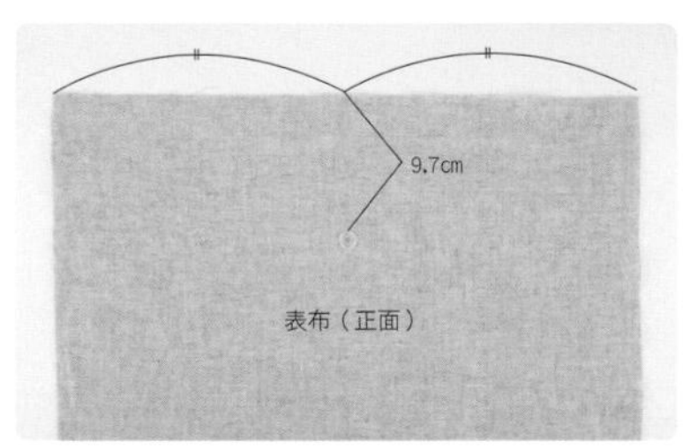
9.7cm
表布（正面）

⓮在表布中央、距離上端9.7cm處作記號，手縫固定暗釦的小凹面。

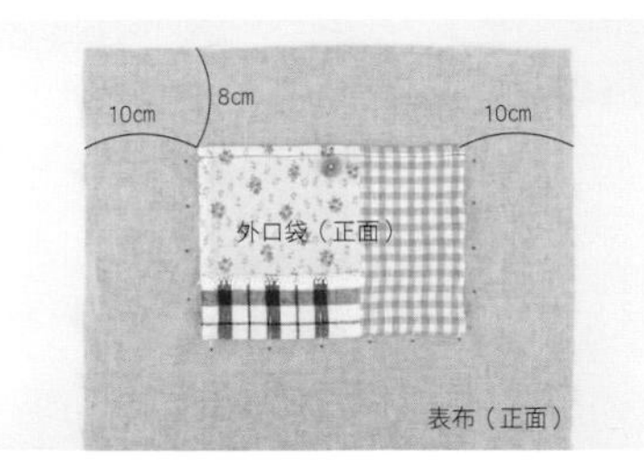
8cm
10cm
10cm
外口袋（正面）
表布（正面）

⓯距表布的左右側10cm、距上端8cm處疊上口袋，以珠針固定。

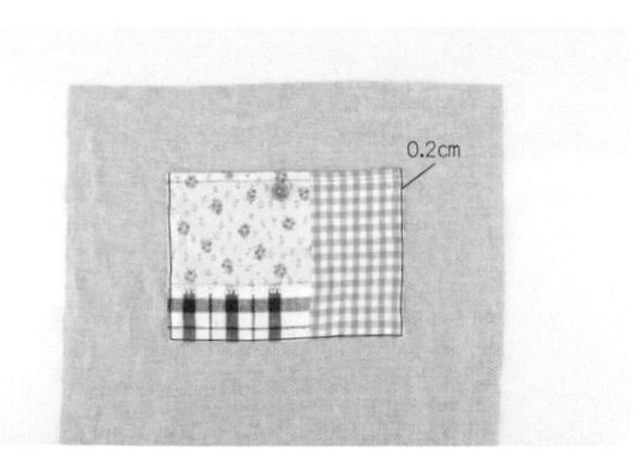
0.2cm

⓰縫合距兩側與底部三邊0.2cm處。別忘了始縫處與止縫處要進行回針縫。

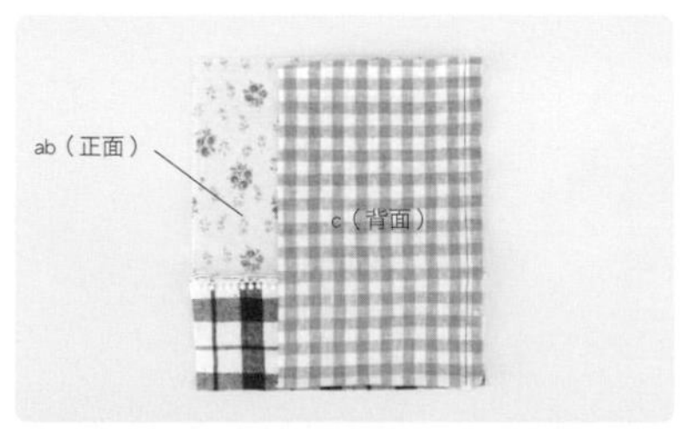
ab（正面）
c（背面）

❻將步驟❺與c正面相對後縫合。由於布料重疊會有厚度，因此要慢慢地往前車縫。以熨斗將縫份倒向ab側

返口
7cm
表布
（背面）

❼步驟❻與外口袋裡布正面相對，預留7cm返口（＊3）後縫合四邊。別忘了在返口的上下側進行回針縫。

POINT

轉換方向時，車縫至轉角先停一下，維持下針狀態並抬起壓布腳後轉動布的方向。然後放下壓布腳，繼續車縫另一邊。

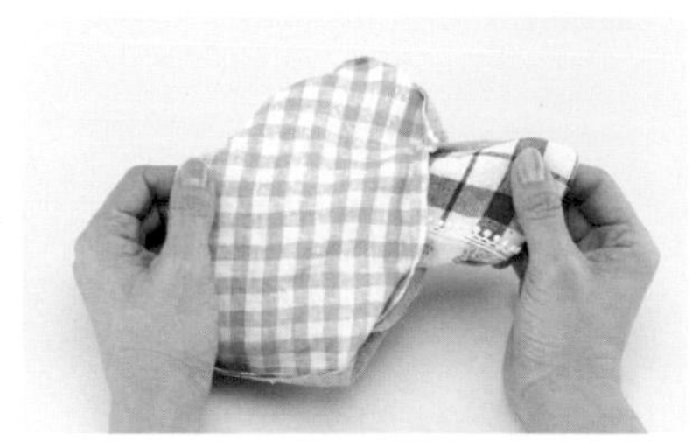
表布（背面）

❽沿車縫線邊緣將縫份摺向表布，以熨斗燙出摺線。

POINT

特別是轉角處要好好地摺疊，並以指尖壓著翻回正面，這樣就能作出漂亮的角度。

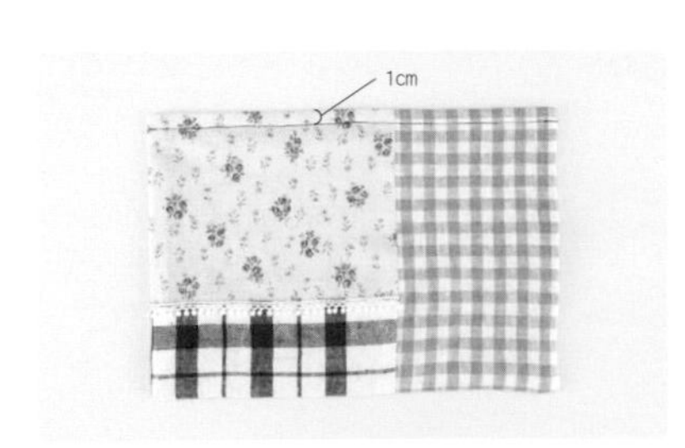

❾從返口拉出包身，翻回正面，以熨斗整燙外形。這時還不用縫合返口。

1cm

❿距口袋袋口1cm處進行車縫（＊4）。

2 製作外口袋

a（背面）

❶a與b正面相對（＊2），插入珠針固定。珠針稍微挑縫布，與記號垂直插入。

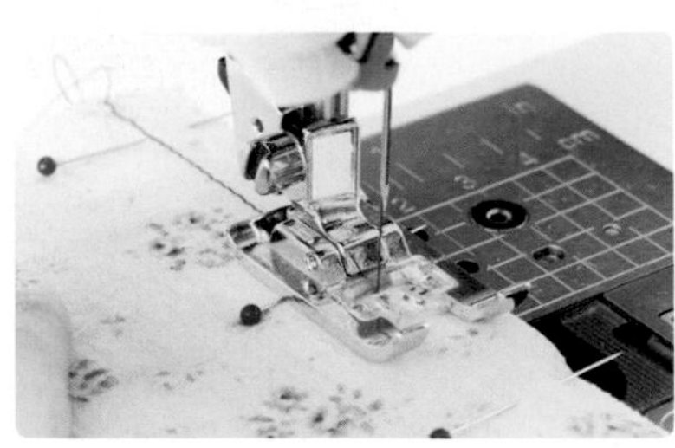

❷以縫紉機車縫a與b。始縫處與止縫處進行回針縫。在始縫處慢慢抓到手感，再徐徐加快車縫速度，止縫處則要變慢，小心謹慎地車縫。

a（背面）
b（背面）

❸以熨斗將縫份倒向b側。

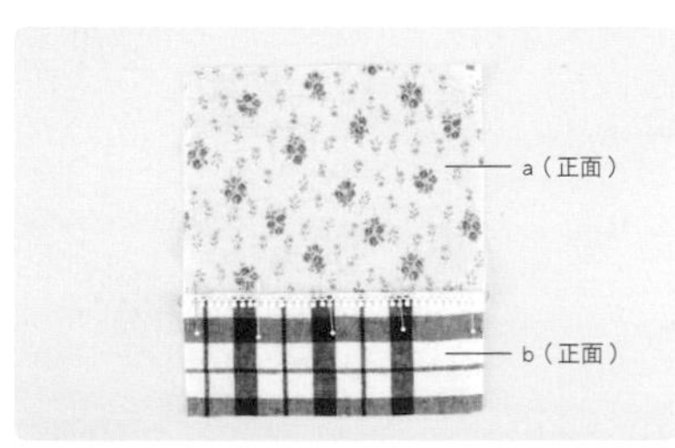
a（正面）
b（正面）

❹翻回正面，沿著縫線在b側疊上蕾絲，以珠針固定數處。

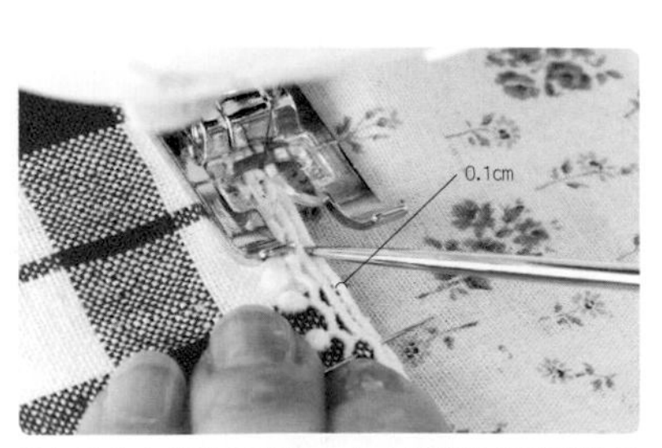
0.1cm

❺在蕾絲上端進行車縫。小心別讓針腳滑落地慢慢車縫。一邊以錐子壓住固定蕾絲一邊車縫。

＊記號名詞說明請參考P.66

3 製作內口袋

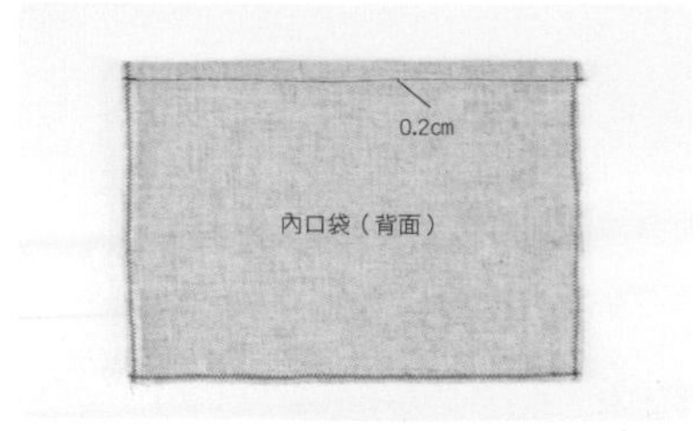
0.2cm
內口袋（背面）

❶口袋袋口之外的三邊進行捲針縫，口袋袋口內摺兩次1cm，距邊0.2cm處縫合。

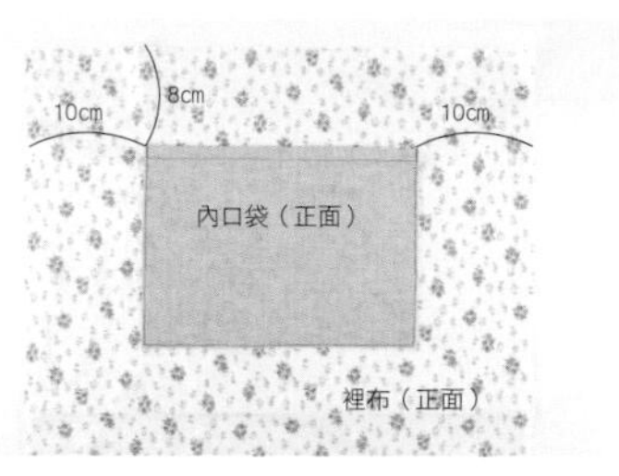
10cm
8cm
10cm
內口袋（正面）
裡布（正面）

❷摺疊三邊的縫份，和P.62的步驟⓯相同（距左右側10cm、距上端8cm）疊在裡布上，縫合三邊。

4 製作提把

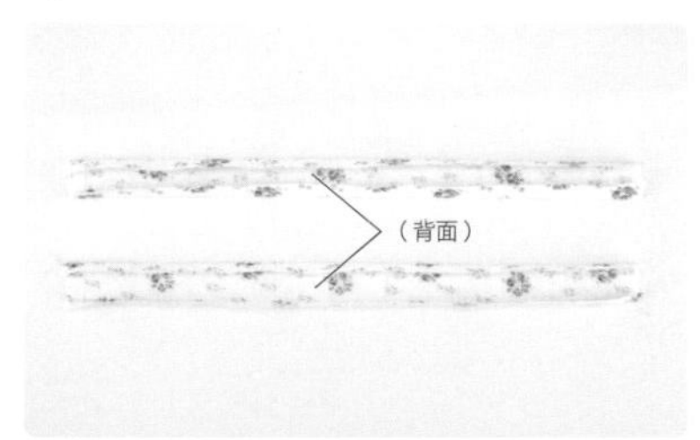
（背面）

❶以熨斗燙摺提把裡布長邊的縫份。

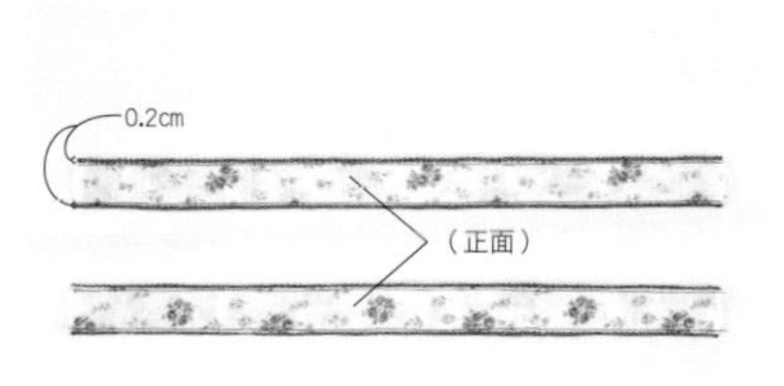
0.2cm
（正面）

❷步驟❶與亞麻織帶（各32cm）背面相對，疊在亞麻織帶上，距布端的0.2cm處縫合。

5 完成

表布　裡布

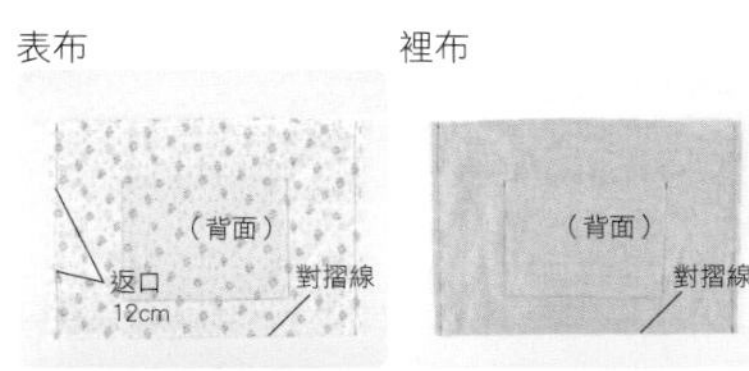
（背面）
返口
12cm
對摺線
（背面）
對摺線

❶表布、裡布分別正面相對對摺，縫合兩側。裡布預留12cm返口不縫。

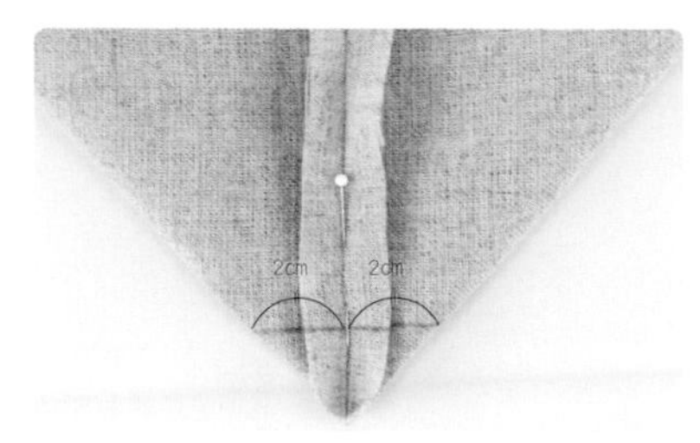
2cm
2cm

❷熨開表布側邊縫份（＊5）、將底部兩個角分別抓成三角形後畫上側幅記號。底部的中央線與側邊縫線成一直線疊合，插上珠針以免錯位。

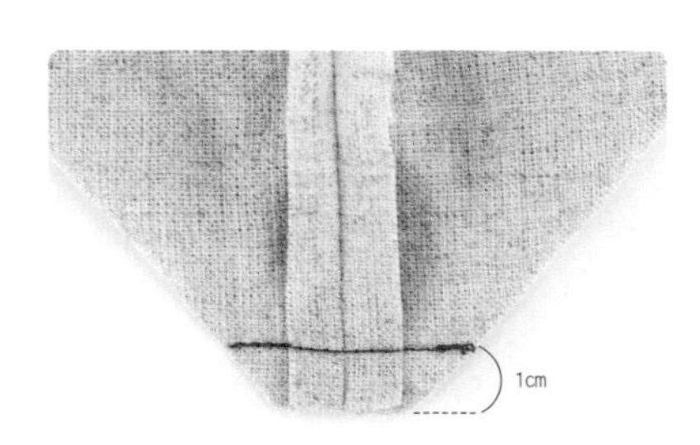
1cm

❸沿記號縫合。距縫線1cm外，剪掉多餘縫份。裡布側幅的作法相同。

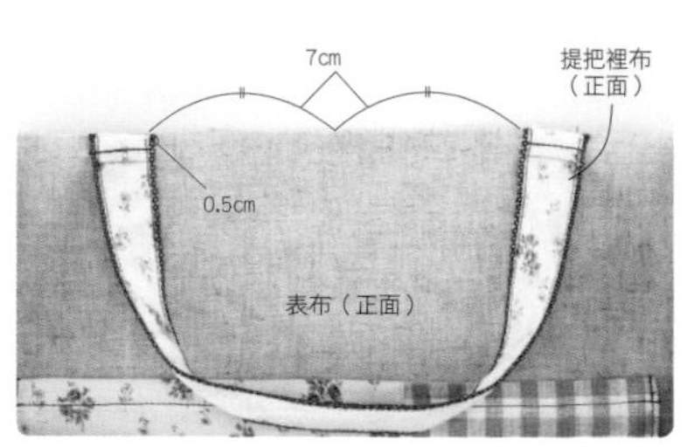
7cm
提把裡布
（正面）
0.5cm
表布（正面）

❹整理提把與表布的上端，距表布中央向左右7cm處、上端0.5cm處疏縫固定提把（往回假縫一次）。

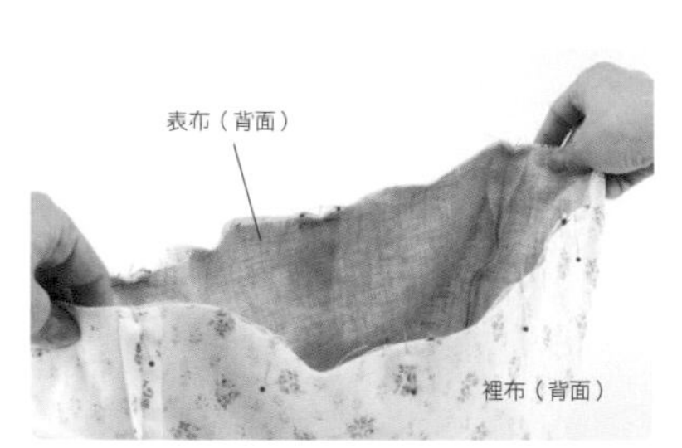
表布（背面）
裡布（背面）

❺表布、裡布正面相對，整理側邊縫線，以珠針固定包口。這時，內・外口袋的位置相反。

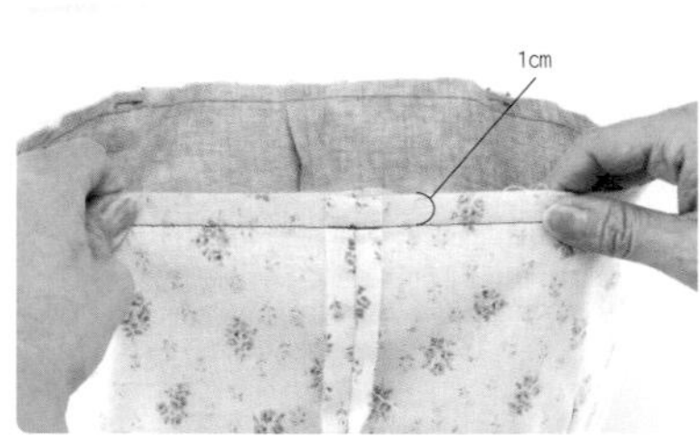
1cm

❻距包口布邊1cm處車縫一圈。

裡布（背面）

❼沿縫線邊緣將縫份摺向裡布，以熨斗燙出摺線。

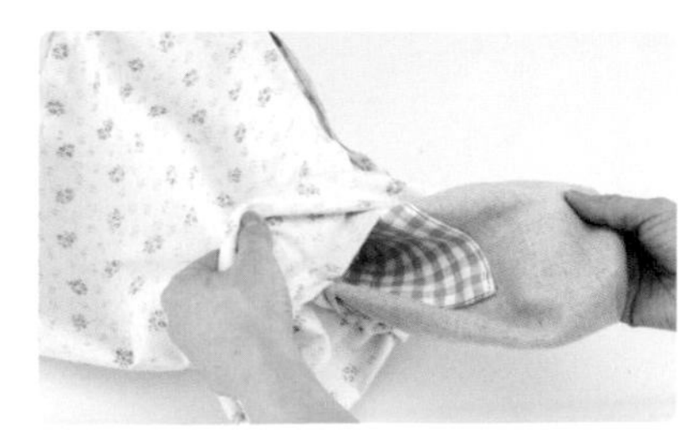

❽從返口拉出包身，翻回正面。

❾縫合返口，以熨斗整燙整體的外形。

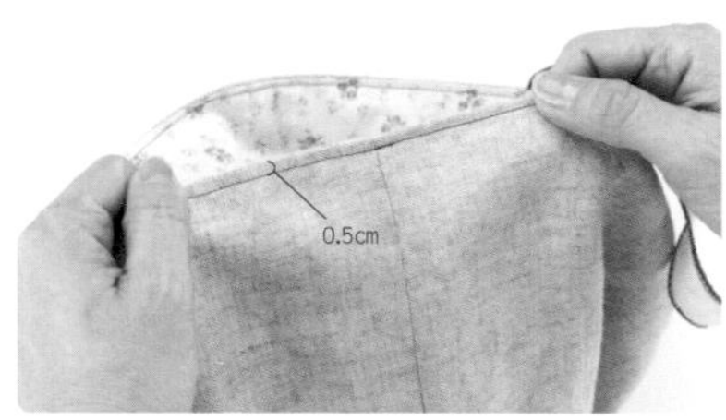
0.5cm

❿距離包口0.5cm處車縫一圈。若以側邊為始縫處和止縫處，回針縫的縫線則會不明顯且縫得很漂亮。

6 安裝四合釦

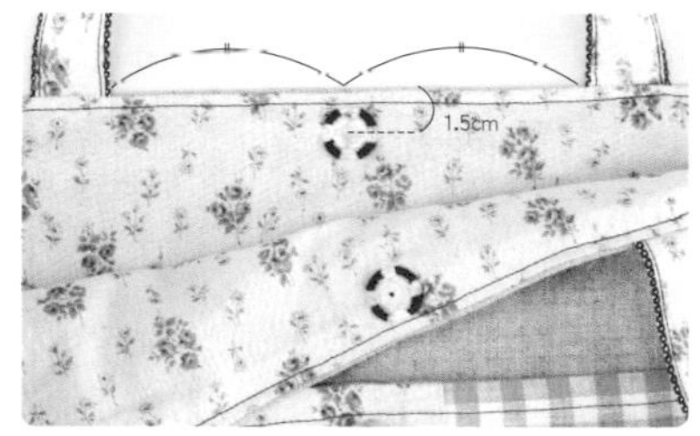
1.5cm

在裡布中央、距包口1.5cm處作記號，靠近自己的一側（有外口袋的一面）安裝四合釦大凸面，凹面則手縫固定在另一側。

完成尺寸 約30×41cm，側幅約4cm。

一邊安裝鈕釦和提把，一邊享受縫製的樂趣。

善用布料的點子

將110×50cm印花布物盡其用！製作時髦的包包

這是僅利用一塊110×50cm的布料，
就能製作出手提包與化妝包等，
令人覺得不可思議的運用。
當然也可以使用你所喜歡的印花布，
連屯積在衣櫃裡的印花布料，
也能一件不留地全部使用完畢！

作品製作／小林薰

印花布×亞麻布

拼接手提包

只要將用剩的小塊印花布和搭調的亞麻布拼縫在一起，就能變身成很棒的提包！這種提包適用各式場合，不論是當小孩的通學包，或是環保購物袋都很實用。

印花布×條紋布

加上橫褶的肩背包

外出時背著肩背包，雙手就能自由活動，所以很方便。包身部分縫製橫褶，創造出蓬鬆可愛的外形。背帶以條紋布縫製，也具有裝飾效果。

推薦的搭配方式

將肩背包當重點，搭配自然風的連身裙。加在包身上的橫褶，讓包包背在身上時能自然融為一體。

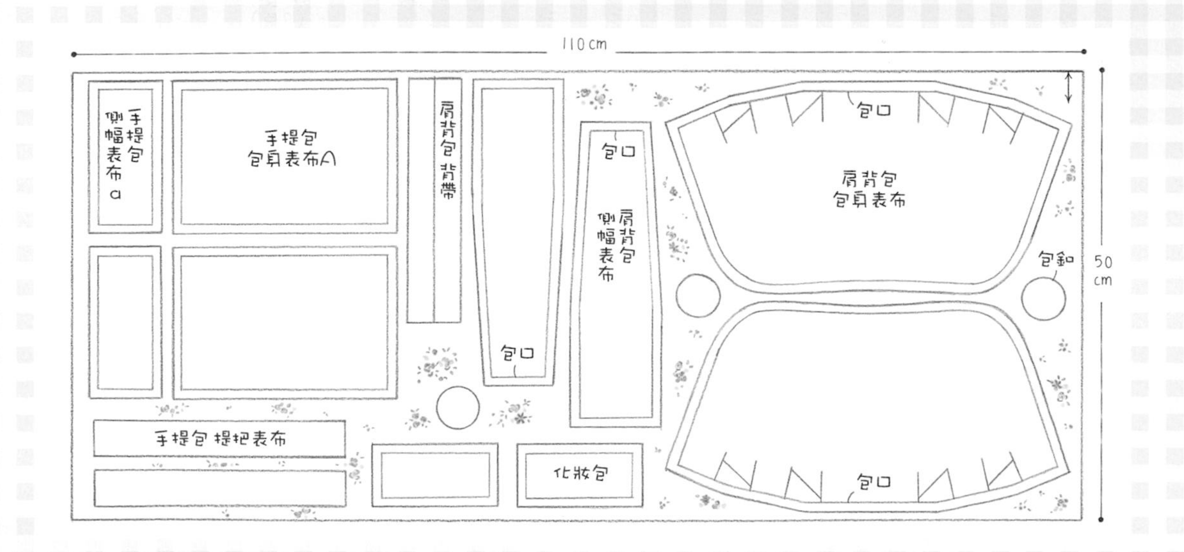

110cm
50cm
手提包側幅表布a
手提包包身表布A
肩背包背帶
包口
肩背包側幅表布
包口
肩背包包身表布
包釦
包口
手提包提把表布
化妝包
包口

利用剩餘的布
製作化妝包
製作包釦

利用剩下的零碼布，加點蕾絲緞帶就能作成可愛的化妝包。另外，更小塊的零碎布則可運用布料的圖案作成包釦。可以利用不同的圖案來享受變化的樂趣。

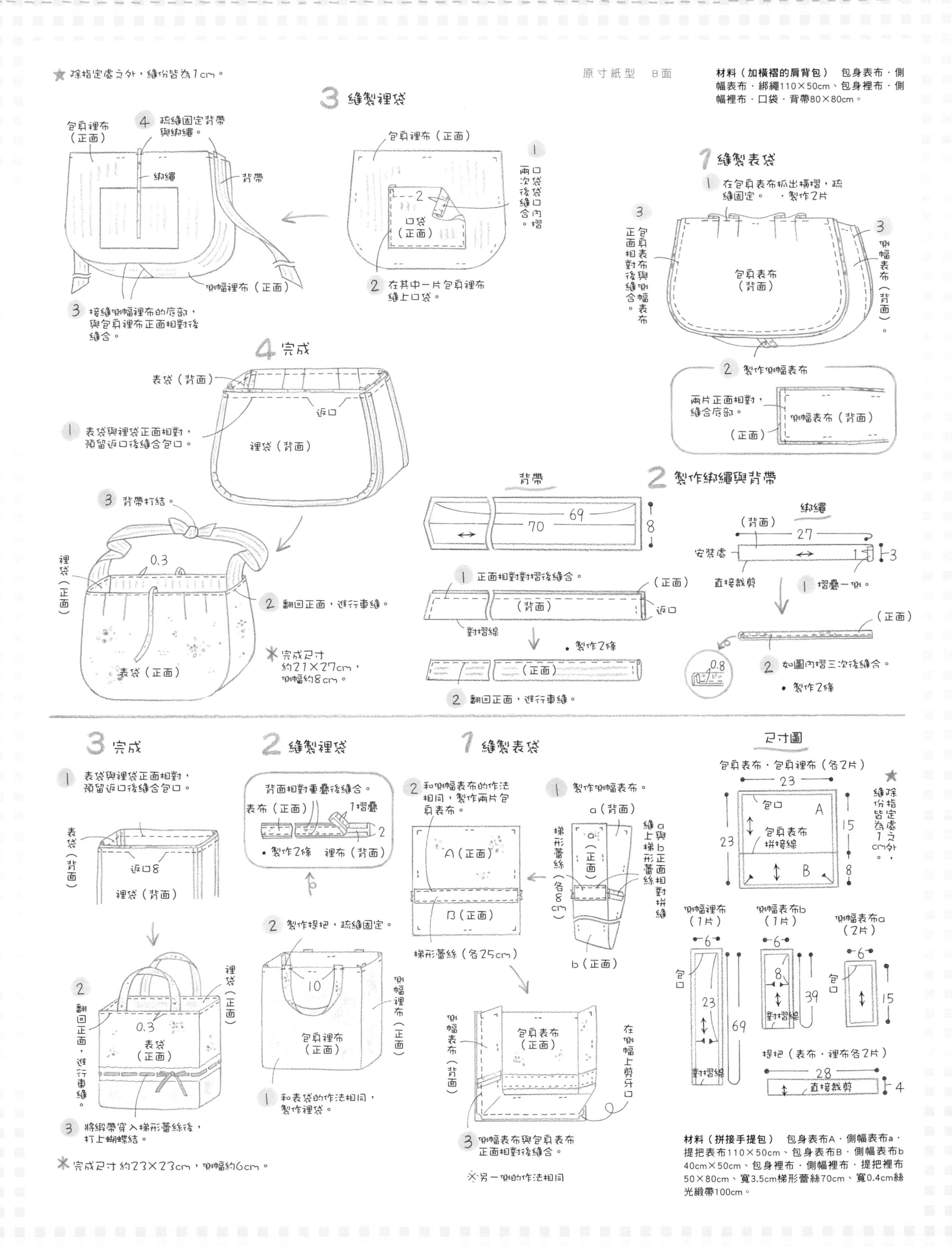

★除指定處之外，縫份皆為1cm。
原寸紙型 B面
材料（加橫褶的肩背包） 包身表布・側幅表布・綁繩110×50cm、包身裡布・側幅裡布・口袋・背帶80×80cm。
3 縫製裡袋
包身裡布（正面）
4 疏縫固定背帶與綁繩。
綁繩
背帶
側幅裡布（正面）
3 接縫側幅裡布的底部，與包身裡布正面相對後縫合。
包身裡布（正面）
1 口袋袋口兩次後縫合內摺。
2
口袋（正面）
2 在其中一片包身裡布縫上口袋。
1 縫製表袋
1 在包身表布抓出橫摺，疏縫固定。 ・製作2片
3 包身表布與側幅表布正面相對後縫合。
包身表布（背面）
3
側幅表布（背面）。
2 製作側幅表布
兩片正面相對，縫合底部。
側幅表布（背面）
（正面）
4 完成
表袋（背面）
返口
1 表袋與裡袋正面相對，預留返口後縫合包口。
裡袋（背面）
3 背帶打結。
0.3
裡袋（正面）
2 翻回正面，進行車縫。
表袋（正面）
✻完成尺寸約21×27cm，側幅約8cm。
背帶
69
70
8
1 正面相對摺後縫合。
（正面）
（背面）
返口
對摺線
・製作2條
（正面）
2 翻回正面，進行車縫。
2 製作綁繩與背帶
綁繩
（背面）
27
安裝處
1
3
直接裁剪
1 摺疊一側。
（正面）
0.8
2 如圖內摺三次後縫合。
・製作2條
3 完成
1 表袋與裡袋正面相對，預留返口後縫合包口。
表袋（背面）
返口8
裡袋（背面）
2 翻回正面，進行車縫。
裡袋（正面）
0.3
表袋（正面）
3 將緞帶穿入梯形蕾絲後，打上蝴蝶結。
✻完成尺寸約23×23cm，側幅約6cm。
2 縫製裡袋
背面相對重疊後縫合。
表布（正面）
1摺疊
2
・製作2條 裡布（背面）
2 製作提把，疏縫固定。
10
側幅裡布（正面）
包身裡布（正面）
1 和表袋的作法相同，製作裡袋。
1 縫製表袋
2 和側幅表布的作法相同，製作兩片包身表布。
A（正面）
B（正面）
梯形蕾絲（各25cm）
1 製作側幅表布。
a（背面）
梯形蕾絲（各8cm）
a（正面）
縫上a與b正面相對拼縫梯形蕾絲
b（正面）
側幅表布（背面）
包身表布（正面）
在側幅上剪牙口
3 側幅表布與包身表布正面相對後縫合。
※另一側的作法相同
尺寸圖
包身表布・包身裡布（各2片）
23
包口
A
包身表布拼接線
23
15
B
8
★除指定處外，縫份皆為1cm。
側幅裡布（1片）
6
包口
23
69
對摺線
側幅表布b（1片）
6
8
39
對摺線
側幅表布a（2片）
6
包口
15
提把（表布・裡布各2片）
28
直接裁剪
4
材料（拼接手提包） 包身表布A・側幅表布a・提把表布110×50cm、包身表布B・側幅表布b 40cm×50cm、包身裡布・側幅裡布・提把裡布50×80cm、寬3.5cm梯形蕾絲70cm、寬0.4cm絲光緞帶100cm。

為了製作喜愛的作品

一定要知道的超基礎縫紉須知&技巧

以下介紹在手作當中，如果事先知道就會很便利的基礎知識。

車縫的基本

先來學車直線和回針縫吧！依自己習慣的速度，將布往前直推就可以了。

車直線

車縫的針趾間距要設定在0.2至0.3cm之間，然後筆直地車縫。車縫很長的直線時，中途不可以停頓，要一口氣車完才會漂亮。

回針縫

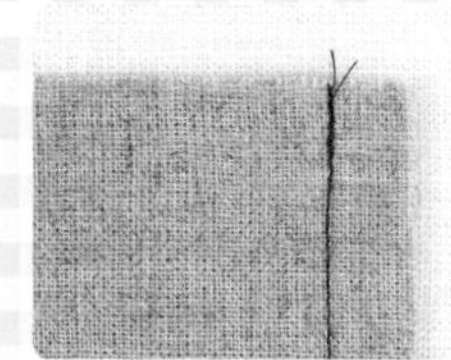

始縫處與止縫處要進行回針縫。在布邊下針後，建議來回車縫約1cm。

布邊的處理

為避免剪裁後的布邊綻開，所以要將布邊鎖住。依縫紉機的功能分為以下幾種：

Z字形車縫

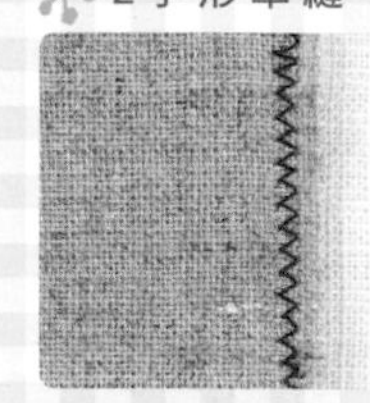

通常用於防止綻線。依布料的厚度、種類，調整針趾的大小或Z字形車縫的振幅。

拷克

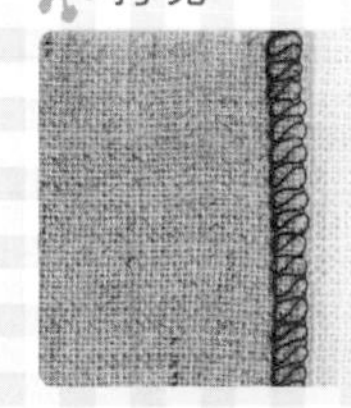

粗裁布料後，沿縫份線進行。也有可同時拷克並裁布的機種。

車直線邊

無Z字形車縫功能的機種，所採取的應變方法。將布端內摺約0.5cm，距摺線0.2cm處以縫紉機縫合。

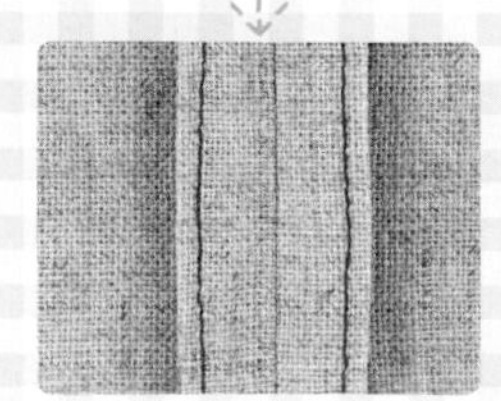

兩片布縫合後，車縫已熨開的縫份處。比指定的尺寸再多預留0.5cm的縫份後裁剪。

裁縫基礎用語

＊1 縫份
為了縫合布料，布邊所多預留的部分，位於完成線外側。

＊2 正面相對
欲縫合的布料，同樣以正面朝內疊合。

＊3 返口
將縫成袋狀的袋身翻回正面而預留不縫的開口。通常會留下指定的尺寸。由於翻面時，必須將手伸入返口中拉出布，為避免縫線綻開，返口的兩側要進行回針縫。

＊4 車縫（壓線）
為了讓重疊的布料保持穩定，進行車縫來固定布。

＊5 熨開縫份
縫合布料後，以熨斗將縫份朝左右兩側燙開。

＊6 開口止縫處
束口袋的側邊或是為了製作穿繩口而未縫合的地方。在開口止縫處收針時，要以回針縫縫合。

基礎必備工具

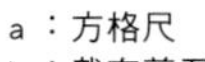

a：方格尺
b：裁布剪刀
c：線剪
d：錐子
e：粉土筆
　粉土鉛筆
f：穿繩器
g：車縫線
h：鈕釦線
i：手縫針
j：珠針
k：針插

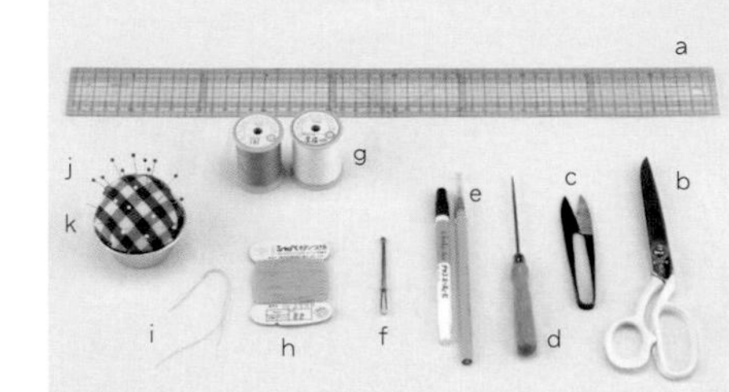

熨斗
縫紉機
燙馬

材料基本概念

其他配件

a：四合釦
b：D型環
c：木珠
d：鈕釦
e：繩子
f：蕾絲
g：亞麻織帶

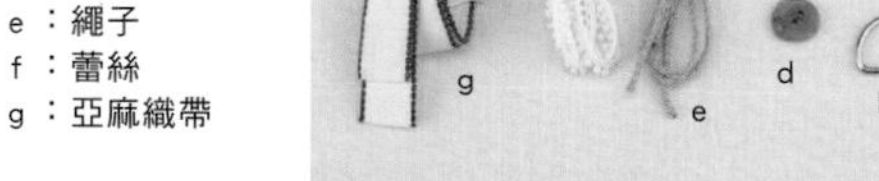

蕾絲、鈕釦之類是裝飾性材料，繩子、D型環等則是機能性材料。光是運用設計和不同素材的搭配就能讓人對作品的印象改觀。依用途來考量使用元素，也是製作作品時可享受的樂趣之一。

關於布料

a：薄棉布
b：亞麻布
c：粗棉布
d：彩色丹寧布
e：厚棉布
f：鋪棉布

有許多適合製作包包的布料。像束口袋就要使用薄的布料（a、b、c），因為摺起來的體積才不會太大。而手提袋會裝重物，所以要選擇強韌的布料（c、d、e、f）。如果是使用鋪棉布，即使只有以一片來製作也很堅固耐用。

原寸紙型的用法

在紙型加上縫份後裁布

完成紙型後疊在布上，以珠針固定。紙型的箭頭符號是代表布紋方向。配合箭頭，布料依直布紋方向擺放紙型，以粉土筆描繪紙型的輪廓線（縫線處）和縫份。

直接影印或轉印在透明紙上

直接剪下紙型就不能製作其他的作品。因此可放上描圖紙或透明紙（可在文具店買到），描繪下來使用。如果覺得描圖很麻煩，也可以影印拷貝想使用的部分。

描圖紙
透明紙

本書附有作品的原寸紙型。若發現自己喜愛的作品，請將整份附錄紙型從書本裁切下來，會省事很多。

PART6

可長久使用
不論小孩or大人都很滿足

各式通學包

這是在開學季中不可欠缺的手作提包。
為了讓小朋友方便使用，
因而在設計上花了很多心思，
譬如加上可愛的裝飾蕾絲等，
無論哪個都是讓小朋友笑容滿面的作品。
以充滿媽媽愛心的手作包，
來為兒女們的學習生活加油打氣吧！

光是提著就有好心情

通學包

千葉縣／佐古昌子

這個上課用的手拿提包，最大的特色就是作成琴鍵的分隔口袋。包口處作成波浪狀讓設計更俏皮。如果在上學或上才藝班時提著，一定會吸引很多人的目光。

親子一起
思考設計

原寸紙型
C面

材料　表布45×65cm、裡布45×65cm、口袋用布45×35cm、貼布繡用布、寬3.5cm斜紋織帶150cm、寬2.5cm棉質織帶90cm。

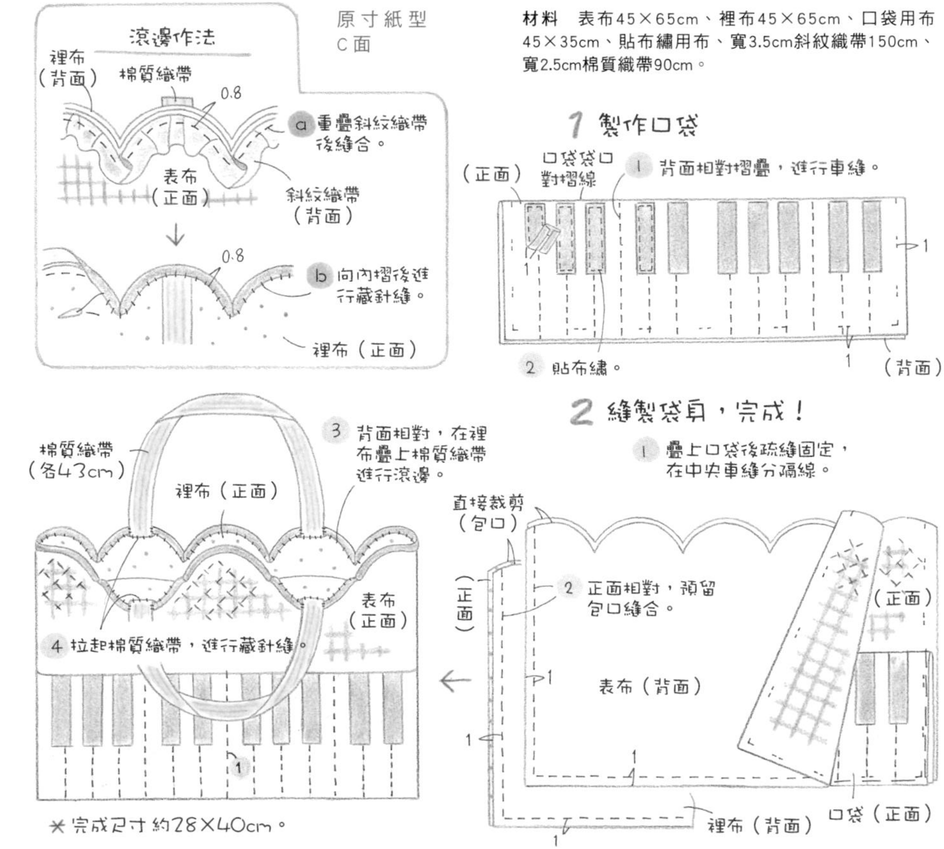
滾邊作法
裡布（背面）
棉質織帶
0.8
a 重疊斜紋織帶後縫合。
表布（正面）
斜紋織帶（背面）
0.8
b 向內摺後進行藏針縫。
裡布（正面）
1 製作口袋
（正面）
口袋袋口對摺線
1 背面相對摺疊，進行車縫。
2 貼布繡。
（背面）
2 縫製袋身，完成！
1 疊上口袋後疏縫固定，在中央車縫分隔線。
棉質織帶（各43cm）
3 背面相對，在裡布疊上棉質織帶進行滾邊。
裡布（正面）
表布（正面）
4 拉起棉質織帶，進行藏針縫。
直接裁剪（包口）
（正面）
2 正面相對，預留包口縫合。
（正面）
表布（背面）
裡布（背面）
口袋（正面）

＊完成尺寸約28×40cm。

體育服袋
鞋子收納袋
通學包
MON JOURNAL
D'ALBUM

小朋友上學必備

三款提袋組合

荒木由紀

這三款一組的提包，是以貓咪貼布繡再加上橘色縫線作裝飾。在帶點成熟韻味的配色中加入一些玩心。百看不厭的簡單設計上，融入了希望能長久使用的心意。

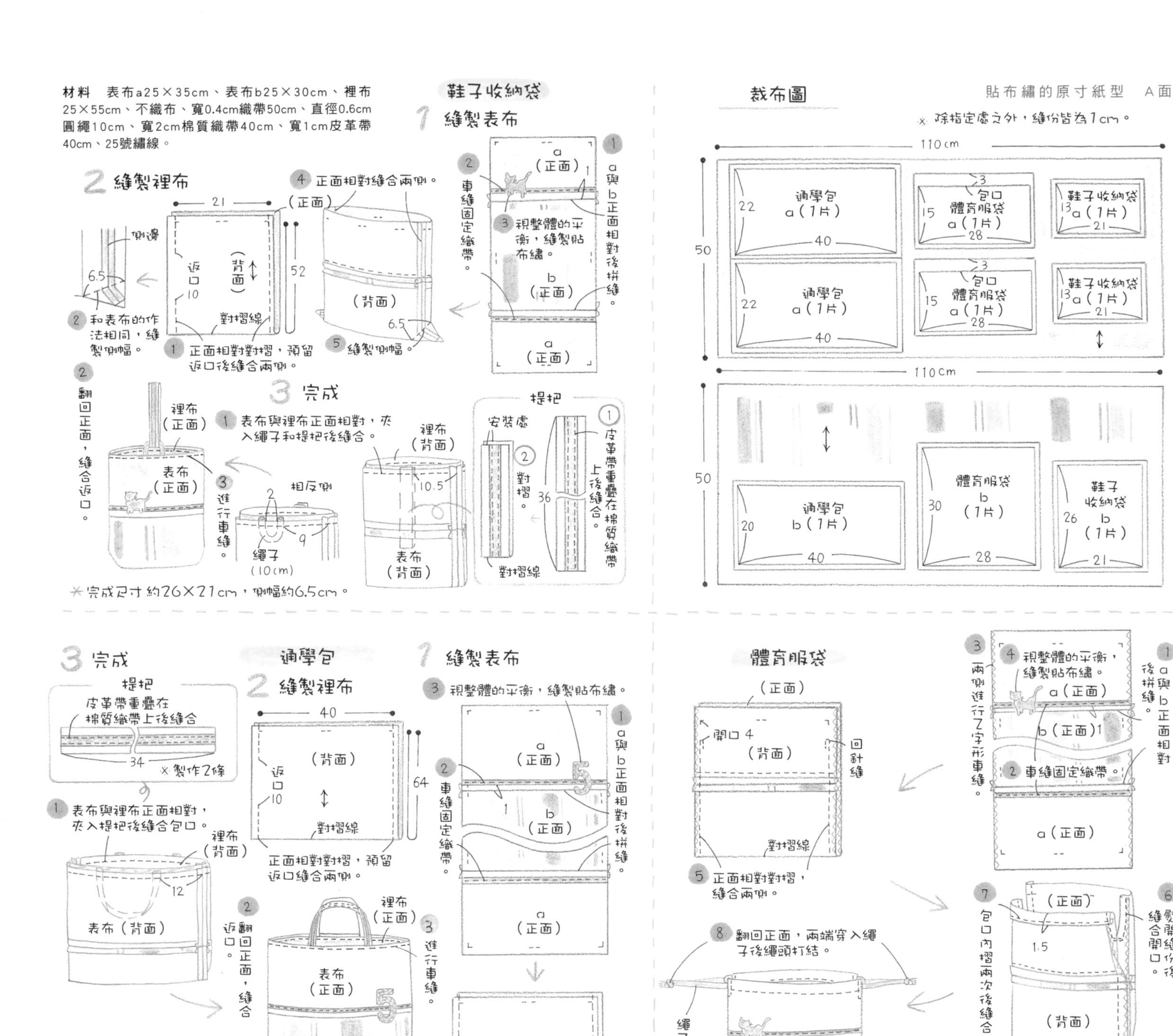

材料　表布a25×35cm、表布b25×30cm、裡布25×55cm、不織布、寬0.4cm織帶50cm、直徑0.6cm圓繩10cm、寬2cm棉質織帶40cm、寬1cm皮革帶40cm、25號繡線。

鞋子收納袋

1 縫製表布

① a與b正面相對後拼縫。
② 車縫固定織帶。
③ 視整體的平衡，縫製貼布繡。
a（正面）
b（正面）
a（正面）

2 縫製裡布

① 正面相對對摺，預留返口後縫合兩側。
② 和表布的作法相同，縫製側幅。
④ 正面相對縫合兩側。
⑤ 縫製側幅。
側邊
6.5
21
（正面）
返口 10
（背面）
52
對摺線
（背面）
6.5

3 完成

① 表布與裡布正面相對，夾入繩子和提把後縫合。
② 翻回正面，縫合返口。
③ 進行車縫。
裡布（正面）
表布（正面）
相反側
2
9
繩子（10cm）
裡布（背面）
10.5
表布（背面）
提把
安裝處
① 皮革帶重疊在棉質織帶上後縫合。
② 對摺。
36
對摺線

＊完成尺寸約26×21cm，側幅約6.5cm。

裁布圖

貼布繡的原寸紙型　A面

※除指定處之外，縫份皆為1cm。
110cm
50
通學包 a（1片） 22 40
包口 體育服袋 a（1片） 3 15 28
鞋子收納袋 a（1片） 13 21
通學包 a（1片） 22 40
包口 體育服袋 a（1片） 3 15 28
鞋子收納袋 a（1片） 13 21
110cm
50
通學包 b（1片） 20 40
體育服袋 b（1片） 30 28
鞋子收納袋 b（1片） 26 21

通學包

1 縫製表布

① a與b正面相對後拼縫。
② 車縫固定織帶。
③ 視整體的平衡，縫製貼布繡。
④ 正面相對對摺，縫合兩側。
a（正面）
b（正面）
a（正面）
a（背面）
b（背面）
對摺線

2 縫製裡布

40
（背面）
返口 10
64
對摺線
正面相對對摺，預留返口縫合兩側。

3 完成

提把
皮革帶重疊在棉質織帶上後縫合
34
×製作2條
① 表布與裡布正面相對，夾入提把後縫合包口。
② 翻回正面，縫合返口。
③ 進行車縫。
裡布（背面）
12
表布（背面）
裡布（正面）
表布（正面）

＊完成尺寸約32×40cm。

材料　表布a45×50cm、表布b45×25cm、裡布45×70cm、不織布、寬0.4cm織帶90cm、寬2cm棉質織帶70cm、寬1cm皮革帶70cm、25號繡線。

體育服袋

① a與b正面相對後拼縫。
② 車縫固定織帶。
③ 兩側進行Z字形車縫。
④ 視整體的平衡，縫製貼布繡。
a（正面）
b（正面）
a（正面）
⑤ 正面相對對摺，縫合兩側。
（正面）
開口 4
（背面）
回針縫
對摺線
⑥ 縫份開口後縫合開口。
⑦ 包口內摺兩次後縫合。
（正面）
1.5
（背面）
⑧ 翻回正面，兩端穿入繩子後繩頭打結。
繩子（各90cm）
（正面）

＊完成尺寸約30×28cm。

材料　表布a35×40cm、表布b35×35cm、不織布、寬0.4cm織帶60cm、直徑0.6cm圓繩180cm、25號繡線。

•close-up•

改變裝飾 整體的感覺也變了

只是將貓咪的貼布繡圖案變成數字，就變成男生用的包包。如此可以享受手作不同變化的樂趣。

設計重點在統一的圖案

三個作品都縫上不織布的貼布繡。周邊加上細緻的車邊，使貓咪圖案更加凸顯。

拿取簡單

鞋子收納袋是將提把套入繩子製作的繩釦中來開闔。也可以使用市售的D型環。

以裡布補強

確實車縫裡布，包包會變得更堅固耐用。提把是夾在表布、裡布中間後縫合，看起來很清爽。

以兩種布料作出三款作品

三件式便當套組

岩野繪美子

選擇花紋可愛的薄棉布，來製作攜帶便當時必備的用品。這三件小物對手作初學者而言，是很容易製作的作品，對孩子而言，也是摸起來質感溫柔的用品。若能在上面繡上屬於自己的圖案，小朋友也會更高興吧！

Close-up

LUNCH

非常搭調的圓點布與格紋布

便當袋是格紋與圓點兩種圖案的搭配，餐墊則是正反面花紋不同。

CUP
LUNCH

材料　表布a30×20cm、表布b30×35cm、貼布繡用布、布襯、直徑0.5cm圓繩120cm、寬2cm棉質織帶60cm、寬2.2cm摺兩褶的斜紋織帶60cm、25號繡線。

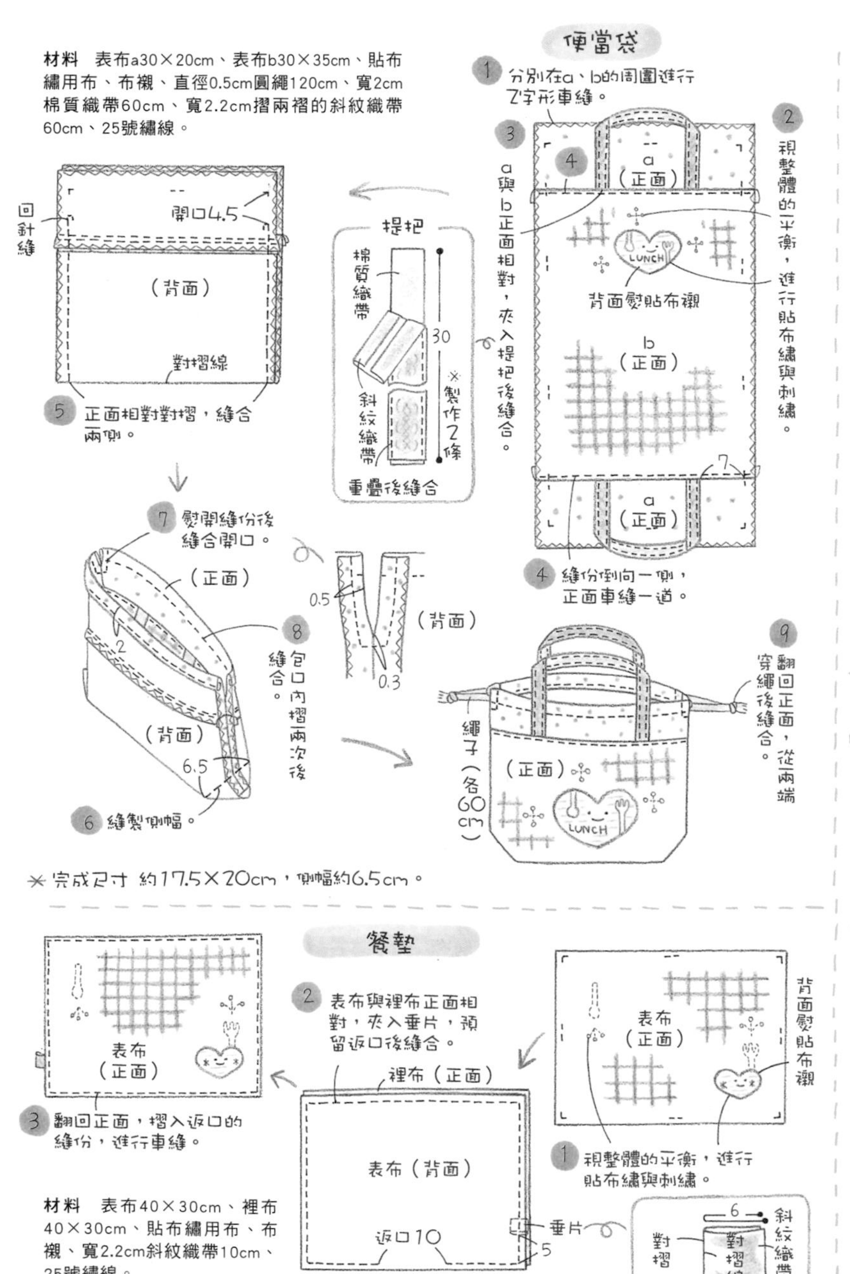

便當袋
1 分別在a、b的周圍進行Z字形車縫。
2 視整體的平衡，進行貼布繡與刺繡。
3 a與b正面相對，夾入提把後縫合。
4 縫份倒向一側，正面車縫一道。
a（正面）
背面燙貼布襯
b（正面）
LUNCH
提把
棉質織帶
斜紋織帶
30
※製作2條
重疊後縫合
回針縫
開口4.5
（背面）
對摺線
5 正面相對對摺，縫合兩側。
7 燙開縫份後縫合開口。
（正面）
0.5
0.3
（背面）
8 縫合包口內摺兩次後
2
6.5
6 縫製側幅。
9 翻回正面，從兩端穿繩後縫合。
繩子（各60cm）
（正面）
※完成尺寸 約17.5×20cm，側幅約6.5cm。
餐墊
表布（正面）
2 表布與裡布正面相對，夾入垂片，預留返口後縫合。
裡布（正面）
表布（背面）
返口10
垂片
5
3 翻回正面，摺入返口的縫份，進行車縫。
背面燙貼布襯
1 視整體的平衡，進行貼布繡與刺繡。
6
對摺
對摺線
斜紋織帶
※完成尺寸約28×38cm。

材料　表布40×30cm、裡布40×30cm、貼布繡用布、布襯、寬2.2cm斜紋織帶10cm、25號繡線。

貼布繡的原寸紙型　A面

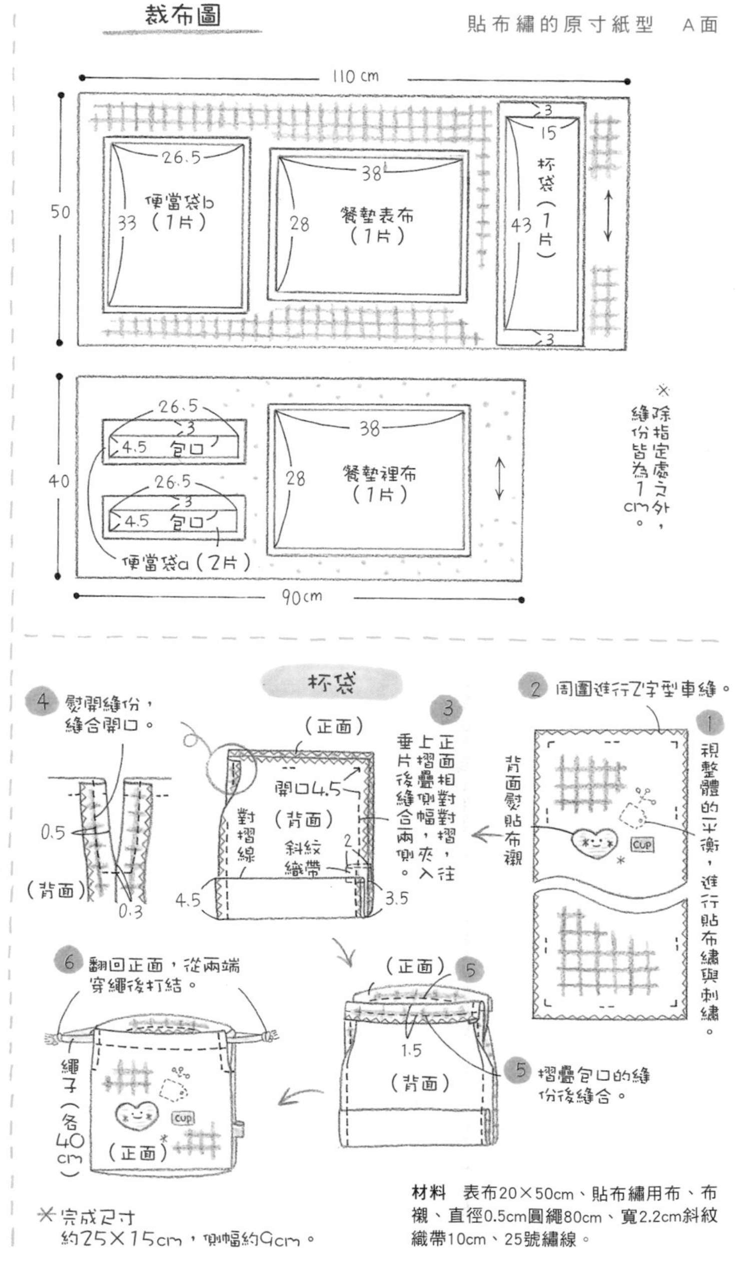

裁布圖
110cm
50
3
15
26.5
38
便當袋b 33（1片）
28
餐墊表布（1片）
43
杯袋（1片）
3
26.5
3
4.5 包口
38
40
26.5
3
4.5 包口
28
餐墊裡布（1片）
便當袋a（2片）
90cm
※縫份皆指定處為1cm之外。
杯袋
4 燙開縫份，縫合開口。
0.5
（背面）
0.3
（正面）
開口4.5
（背面）
對摺線
斜紋織帶
2
4.5
3.5
3 正面相對上下摺疊縫合兩側，摺片後往幅，夾入垂
背面燙貼布襯
2 周圍進行Z字型車縫。
1 視整體的平衡，進行貼布繡與刺繡。
CUP
6 翻回正面，從兩端穿繩後打結。
繩子（各40cm）
（正面）
CUP
（正面）
1.5
（背面）
5 摺疊包口的縫份後縫合。
※完成尺寸 約25×15cm，側幅約9cm。

材料　表布20×50cm、貼布繡用布、布襯、直徑0.5cm圓繩80cm、寬2.2cm斜紋織帶10cm、25號繡線。

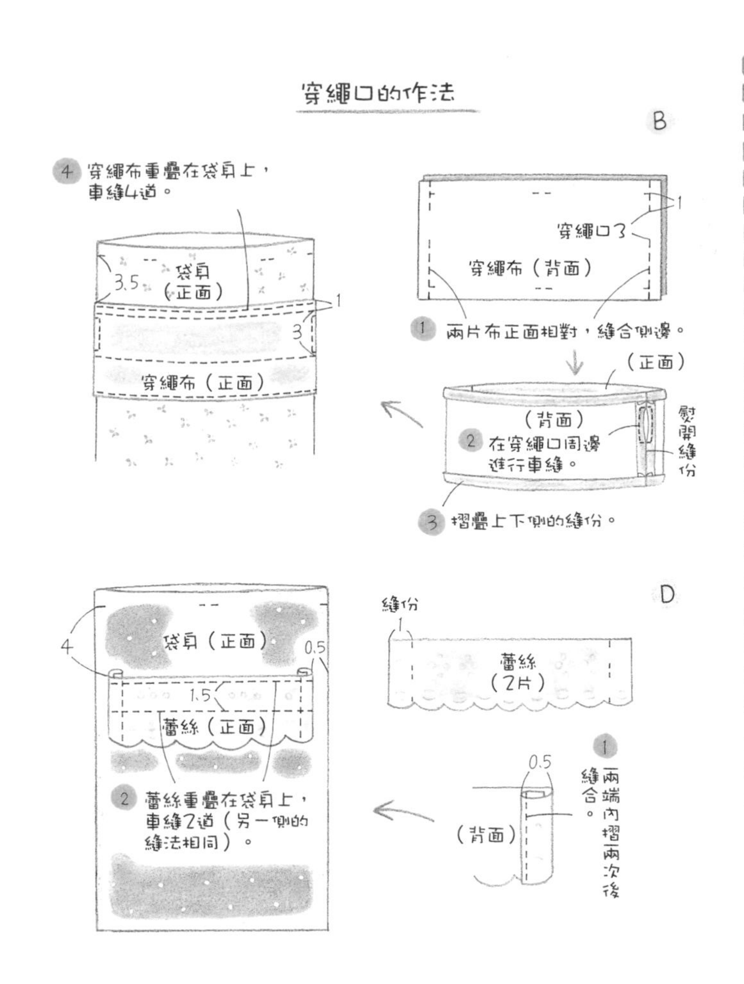

穿繩口的作法
B
④ 穿繩布重疊在袋身上，車縫4道。
3.5
袋身（正面）
1
3
穿繩布（正面）
穿繩口3
1
穿繩布（背面）
① 兩片布正面相對，縫合側邊。
（正面）
（背面）
② 在穿繩口周邊進行車縫。
熨開縫份
③ 摺疊上下側的縫份。
D
縫份
1
蕾絲（2片）
4
袋身（正面）
0.5
1.5
蕾絲（正面）
② 蕾絲重疊在袋身上，車縫2道（另一側的縫法相同）。
0.5
（背面）
① 兩端內摺兩次後縫合。

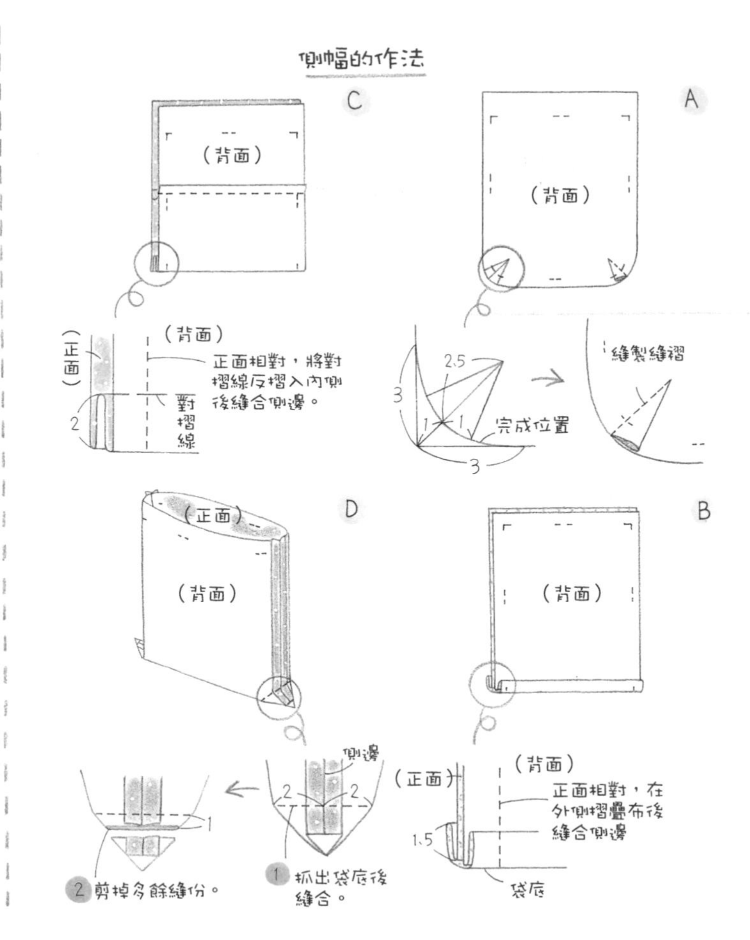

側幅的作法
C
（背面）
A
（背面）
（正面）
（背面）
正面相對，將對摺線反摺入內側後縫合側邊。
2
對摺線
2.5
3
1
完成位置
3
縫製縫摺
D
（正面）
（背面）
B
（背面）
側邊
2
2
1
（正面）
（背面）
正面相對，在外側摺疊布後縫合側邊
1.5
袋底
② 剪掉多餘縫份。
① 抓出袋底後縫合。

變化側幅形狀的

各式束口袋

荒木由紀

方便自己整理零星物品的收納包，就是小型束口袋。放入東西後，繩子輕輕一拉就收好了。如果依用途改變側幅的作法，連小孩都能輕鬆收拾自己的東西。

Close-up

D
C

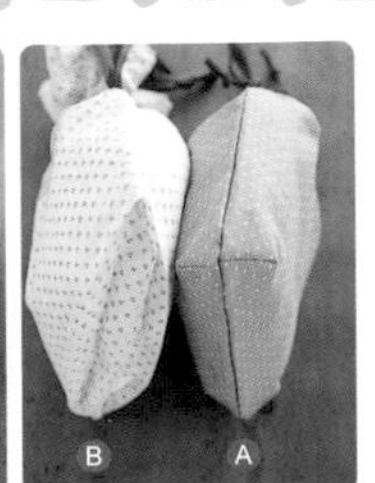

B
A

4種側幅

Ⓐ是在袋底加上縫褶，整個袋子就變蓬鬆。Ⓑ是將袋底摺成蛇腹狀。Ⓒ是袋底中心向內摺後縫合。Ⓓ為一般的束口袋，即從裡側將袋底抓出三角後縫合。

自由自在改變背帶長度的

小熊斜背包

神奈川縣／石川里美

騎腳踏車或外出時很方便的斜背包，以一體成型的背帶與側幅，作出了具安定感的外形。背帶上使用了背巾用的圓型環，可以隨意改變背帶的長度。

Close-up

不織布的小熊貼布繡

以不織布作成的小熊圖案，鮮明地浮現於綠色格紋布上，還以亮片表現水花飛濺的感覺。

側面與貼布繡的原寸紙型　C面

材料　包身表布・口袋用布80×60cm、側幅表布35cm×140cm、包身裡布・側幅裡布50×90cm、貼布繡用布、不織布、布襯、2.5×2.5cm魔鬼氈1組、直徑6cm背巾用圓形環3個、直徑0.4cm串珠1個、直徑0.6cm亮片3個、25號繡線、布標。

★除指定處之外，縫份皆為1cm。

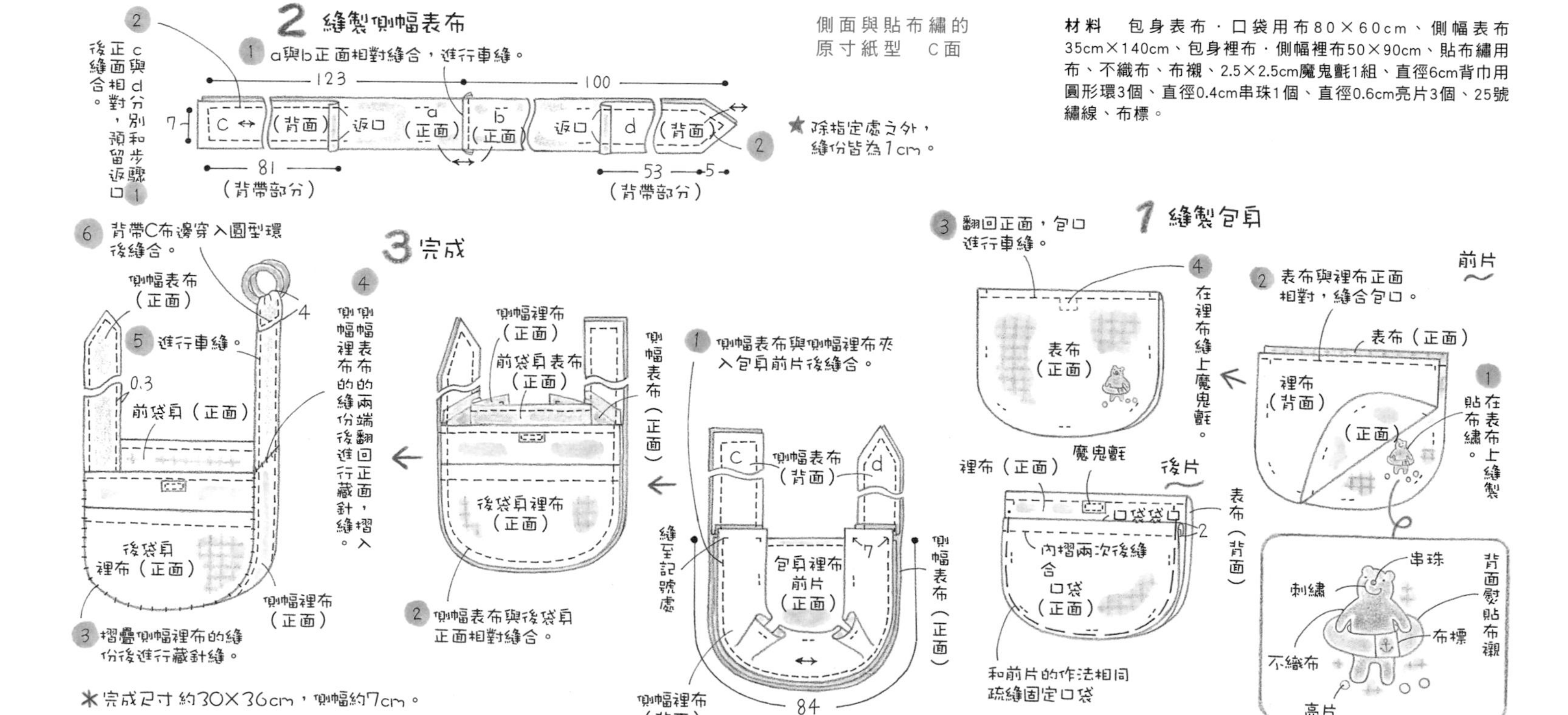

2 縫製側幅表布
1 a與b正面相對縫合，進行車縫。
2 c與d分別和步驟1正面相對，預留返口後縫合。
123
100
7
C
(背面)
返口
a
(正面)
b
(正面)
返口
d
(背面)
81
(背帶部分)
53
5
(背帶部分)
1 縫製包身
3 翻回正面，包口進行車縫。
4 在裡布縫上魔鬼氈。
表布
(正面)
前片
2 表布與裡布正面相對，縫合包口。
表布（正面）
裡布
(背面)
(正面)
1 在表布上縫製貼布繡。
裡布（正面）
魔鬼氈
後片
表布
(背面)
口袋袋口
2
內摺兩次後縫合
口袋
(正面)
和前片的作法相同疏縫固定口袋
串珠
刺繡
背面熨貼布襯
布標
不織布
亮片
1 側幅表布與側幅裡布夾入包身前片後縫合。
C
側幅表布
(背面)
d
7
縫至記號處
包身裡布
前片
(正面)
側幅表布
(正面)
側幅裡布
(背面)
84
3 完成
側幅裡布
(正面)
前袋身表布
(正面)
側幅表布
(正面)
後袋身裡布
(正面)
2 側幅表布與後袋身正面相對縫合。
4 側幅裡表布的兩端縫份翻回正面後，進行藏針縫。
6 背帶C布邊穿入圓型環後縫合。
側幅表布
(正面)
4
5 進行車縫。
0.3
前袋身（正面）
後袋身
裡布（正面）
側幅裡布
(正面)
3 摺疊側幅裡布的縫份後進行藏針縫。

＊完成尺寸約30×36cm，側幅約7cm。

方正有型，每天都想帶的

波士頓包

新潟縣／渡邊あや子

這是不分用途，任何場合都可攜帶的波士頓包。如果是以防水布製作，不但可防水，布邊的處理也很簡單。由於包包的設計很簡潔，所以也很容易穿搭。

Close-up

方便的側口袋

最適合用來放置面紙、手帕等立刻想取出的用品。製作時要注意條紋圖案的銜接。

以口型環作裝飾

提把是將布內摺三摺後穿過口型環，車縫固定在包身上。口型環也具有裝飾與補強的作用。

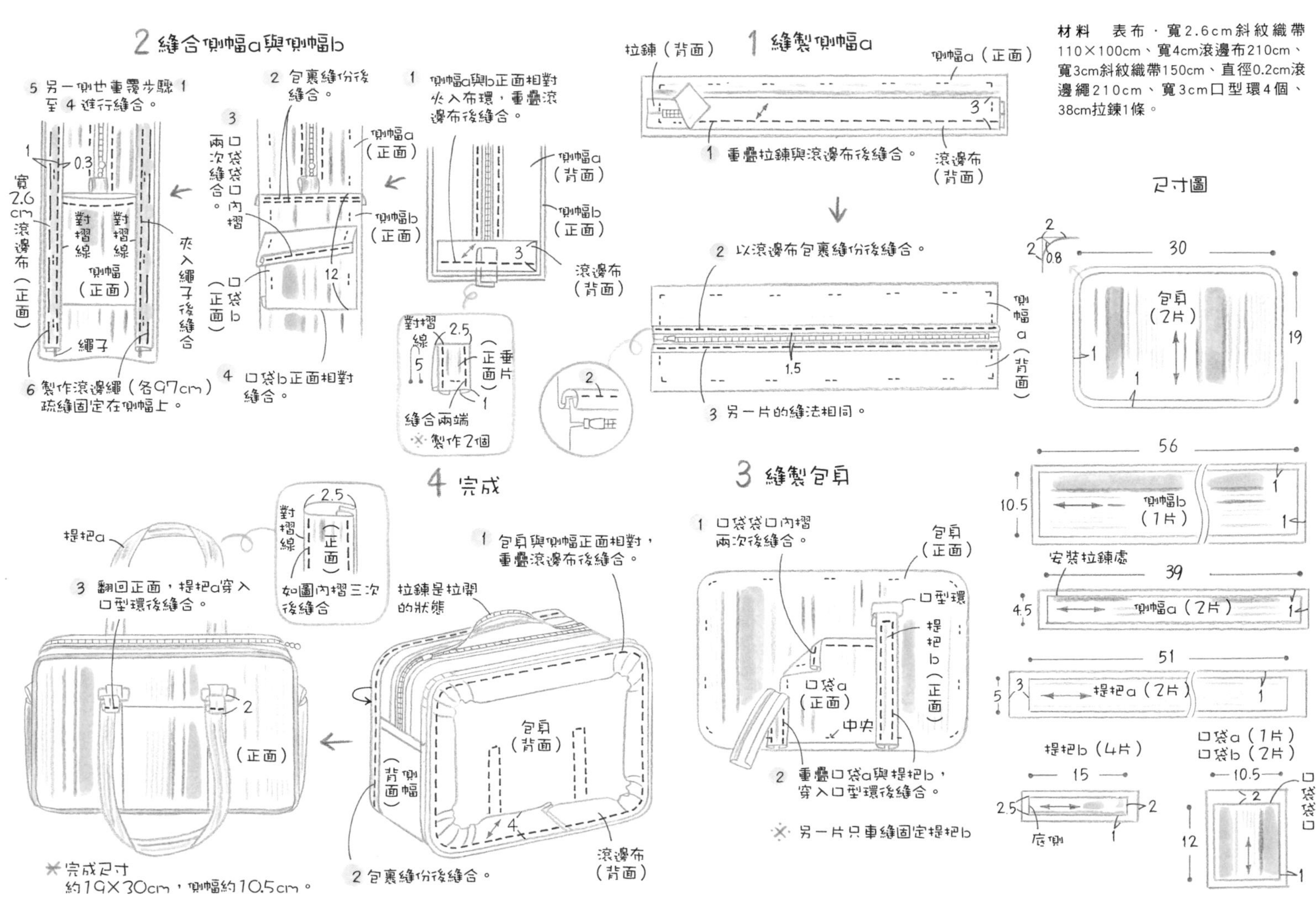

1 縫製側幅a
拉鍊（背面）
側幅a（正面）
1 重疊拉鍊與滾邊布後縫合。
滾邊布（背面）
2 以滾邊布包裹縫份後縫合。
側幅a（背面）
3 另一片的縫法相同。
2 縫合側幅a與側幅b
1 側幅a與b正面相對，夾入布環，重疊滾邊布後縫合。
側幅a（背面）
側幅b（正面）
滾邊布（背面）
對摺線
縫合兩端
※製作2個
2 包裹縫份後縫合。
3 口袋口內摺兩次後縫合
側幅a（正面）
側幅b（正面）
口袋b（正面）
4 口袋b正面相對縫合。
5 另一側也重覆步驟1至4進行縫合。
寬2.6cm滾邊布（正面）
對摺線
側幅（正面）
夾入繩子後縫合
繩子
6 製作滾邊繩（各97cm）疏縫固定在側幅上。
3 縫製包身
1 口袋口內摺兩次後縫合。
包身（正面）
口型環
提把b（正面）
口袋a（正面）
中央
2 重疊口袋a與提把b，穿入口型環後縫合。
※另一片只車縫固定提把b
4 完成
提把a
3 翻回正面，提把a穿入口型環後縫合。
對摺線
（正面）
如圖內摺三次後縫合
拉鍊是拉開的狀態
1 包身與側幅正面相對，重疊滾邊布後縫合。
包身（背面）
側幅（背面）
滾邊布（背面）
2 包裹縫份後縫合。
（正面）
※完成尺寸
約19×30cm，側幅約10.5cm。
尺寸圖
包身（2片）
側幅b（1片）
安裝拉鍊處
側幅a（2片）
提把a（2片）
提把b（4片）
底側
口袋a（1片）
口袋b（2片）
口袋口

材料　表布．寬2.6cm斜紋織帶110×100cm、寬4cm滾邊布210cm、寬3cm斜紋織帶150cm、直徑0.2cm滾邊繩210cm、寬3cm口型環4個、38cm拉鍊1條。

Cotton time 特集 03

戀上棉麻自然風！

親手作簡單甜美的實用生活包77款（暢銷新版）

授　　權／主婦與生活社
譯　　者／夏淑怡
發 行 人／詹慶和
總 編 輯／蔡麗玲
執行編輯／黃璟安
編　　輯／蔡毓玲・劉蕙寧・陳姿伶・李佳穎・李宛真
執行美編／周盈汝
美術編輯／陳麗娜・韓欣恬
內頁編排／造極彩色印刷
出 版 者／雅書堂文化事業有限公司
發 行 者／雅書堂文化事業有限公司
郵政劃撥帳號／18225950
郵政劃撥戶名／雅書堂文化事業有限公司
地　　址／新北市板橋區板新路206號3樓
電　　話／(02)8952-4078
傳　　真／(02)8952-4084
網　　址／www.elegantbooks.com.tw
電子郵件／elegant.books@msa.hinet.net

2018年3月二版一刷　定價／380元

經銷／易可數位行銷股份有限公司
地址／新北市新店區寶橋路235巷6弄3號5樓
電話／(02)8911-0825
傳真／(02)8911-0801

書籍設計	blueJam Inc.
編輯協力	刊登於《COTTON TIME》時註明的作品作者・讀者・攝影師・撰文者・造型師・製圖・插畫家等
校閱	滄流社
紙型	今壽子
插圖	山森かよ
Special thanks	橫尾紗惠子 Uriko
編輯	櫻岡美佳
總編輯	福田晉
發行人	江原禮子

國家圖書館出版品預行編目資料

戀上棉麻自然風!親手作簡單甜美的實用生活包77款 / 主婦與生活社授權；夏淑怡譯. -- 二版. -- 新北市：雅書堂文化, 2018.03
面；　公分. -- (Cotton Time特集；3)
譯自：おしゃれで、簡　！お役たちバッグ77
ISBN 978-986-302-416-3(平裝)
1.手提袋 2.手工藝

426.7　　107001880